金岳霖 讲述

倪鼎夫 整理

金岳霖

解读《穆勒名学》

——纪念金岳霖先生诞辰一百一十八周年

中国社会科学出版社

图书在版编目（CIP）数据

金岳霖解读《穆勒名学》：纪念金岳霖先生诞辰118周年/金岳霖讲述，倪鼎夫整理．—北京：中国社会科学出版社，2005.7（2013.10修订）

ISBN 978 – 7 – 5004 – 5172 – 3

Ⅰ．①金…　Ⅱ．①金…②倪…　Ⅲ．①形式逻辑—研究　Ⅳ．①B812 ②B561.42

中国版本图书馆 CIP 数据核字（2012）第 167670 号

出 版 人	赵剑英
责任编辑	任　明
责任校对	张玉霞
责任印制	王炳图

出　　版	中国社会科学出版社
社　　址	北京鼓楼西大街甲 158 号 （邮编100720）
网　　址	http：//www.csspw.cn
	中文域名：中国社科网　　010 – 64070619
发 行 部	010 – 84083685
门 市 部	010 – 84029450
经　　销	新华书店及其他书店

印　　刷	北京奥隆印刷厂
装　　订	北京市兴怀印刷厂
版　　次	2005 年 7 月第 1 版
印　　次	2013 年 10 月第 2 次印刷

开　　本	710 × 1000　1/16
印　　张	14.25
插　　页	4
字　　数	170 千字
定　　价	39.00 元

金岳霖先生 1961 年摄于北京

金岳霖在书房（1964 年）

先生之风

山高水长

倪鼎夫、阮仁慧（摄于 1998 年怀柔红螺寺）

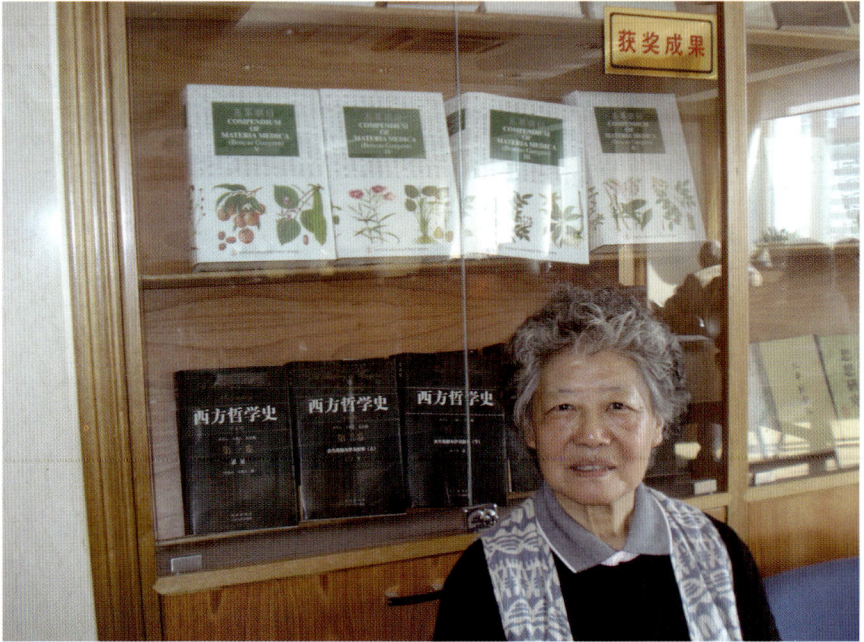

阮仁慧（摄于 2012 年哲学所《本草纲目》等书展前）

序　言

　　20 世纪 50 年代末期，全国出现一片"大跃进"，我们哲学社会科学部（中国社会科学院前身）各研究所也要求在一马当先万马奔腾的形势下，大干快上，老中青三代结合集体写书，部头愈大愈好。但为时不久，在 60 年代初，就纠正了上述偏差，在"整顿、调整、充实、提高"的八字方针下，强调了老专家在学术研究机关中要对青年研究人员进行传、帮、带，所在研究组的青年分别由老专家分工培养，注重基本训练，强调基本功和专业知识基础的扎实，等等。

　　哲学所副所长兼逻辑组组长金岳霖先生非常认真地落实了这一措施，全组同志也非常拥护，一致认为国外逻辑科学发展很快，大家需要进修和补课。金岳霖先生亲自带头作了安排，身体力行。组内其他老专家汪奠基先生就开设了中国逻辑思想史，沈有鼎先生负责讲授丘尔奇著的《数理逻辑导论》等，以帮助青年人。金岳霖先生为我制订了学习补课计划，去北京大学听王宪钧教授的数理逻辑课，他自己则为我讲解《穆勒名学》，从 1961 年至 1962 年每星期一次，历时约半年。这里整理出版的就是我当时的听课笔记。

　　《穆勒名学》由严复翻译。严复是近代介绍西学的大师。他先后翻译了赫胥黎的《天演论》、斯密亚丹①的《原富》、

---

　　①　斯密亚丹（Adam Smith, 1723—1790），英国经济学家，今译亚当斯密。

孟德斯鸠的《法意》、斯宾塞尔①的《群学肄言》、穆勒②的《群己权界论》和《穆勒名学》③等。毛泽东把严复和洪秀全、康有为、孙中山并列称为在中国共产党未出现以前向西方寻求真理的一派人物。严复翻译《穆勒名学》是着眼于提高国人的科学思维方法，他曾亲自讲授名学，开名学会。这本书是古典传统逻辑的终结，也是在现代逻辑出现之前一本影响巨大的著作，它先后出版 8 次之多。波兰华沙大学原国际符号学会主席佩尔斯（Jerzy Pelc）教授曾说，其实全世界当时都在读这一本书。穆勒的这本书原名是《演绎和归纳的逻辑体系》，副标题为——证据的原理和科学方法的系统叙述。④ 严复深通西学和中学，他努力用中国古文来表达英文中的学术名词，翻译十分困难，以致"一名之立，旬月踟蹰"，而在译成之后，能读懂者亦寥寥无几。连当时的古文大家吴汝伦、梁启超等也都认为严复译《穆勒名学》虽很古雅，但难于读懂。

　　早在 20 世纪 30 年代，金岳霖先生已经批评了传统逻辑，到了 60 年代又为何选读这本古典著作呢？我想这是一个难以解答的矛盾问题。我能推测的是当时国内的逻辑教材主要是翻译苏联的课本。而苏联在长期否定形式逻辑后，1946 年又恢复了这门课程，由于长期没有研究和探讨，就只能采用西方传统逻辑的内容。穆勒的逻辑体系恰恰成为苏联逻辑教材所采用的现成框架，当然也添加一些辩证唯物主义的说明。这种情况使我国的一些学者提出应该重译难懂的《穆勒名学》。记得是

---

① 斯宾塞尔（Herbert Spencer, 1820—1903），英国哲学家，今译斯宾塞。

② 穆勒（John Stuart Mill, 1806—1873），英国哲学家，经济学家，逻辑学家，今译密尔。

③ 书名中的"名学"是"逻辑学"的旧译。

④ 《演绎和归纳的逻辑体系——证据的原理和科学方法的系统叙述》（*A System of logic, Ratiocinative and In ductive, Being a Connected View of the Principles of Evidence, and the Methods of Scientific Investigation*），常简称《逻辑体系》。1843 年初版于英国伦敦。

贺麟先生推荐了上海的庆泽彭先生，由商务印书馆正式请他翻译，由于种种原因商务印书馆未能出版。但这本书确是苏联逻辑教材所取样的范本，这一点为不少学者所认同。

金岳霖先生没有摆脱"学习苏联"的束缚，也就选读这本书。当然金先生选读和讲解这本书，首先他是从现代逻辑的观点加以评析传统逻辑。其次他联系了当时国内逻辑学界争论的问题加以讨论。再次他从西方哲学史的广阔视角分析穆勒的主观唯心主义逻辑和哲学思想。

国外 20 世纪已开始进入现代逻辑研究的阶段。金先生正是用现代逻辑观点来解析传统逻辑。比如传统逻辑在命题中都假定了主词存在，但实际上主词不一定存在。穆勒的观点是同意主词不一定存在。但是在穆勒叙述换质换位、三段论等推理中，仍把主词当作存在，这是矛盾。

金岳霖先生指出，穆勒的定义不讲真假，认为几何理论中的点线面只是抽象，实际并不存在。罗素用真假定义类，用命题函项定义类。穆勒用公名①定义类是不对的。我们坚持真实定义，但真实定义是概念的定义，不是物的定义，物是客观存在，它本身无所谓定义。科学上的概念和我们日常应用的概念是有些区别的。几何里的四方形是严格的，但我们日常说的四方桌、四方凳实际上都不符合几何里四方形的要求。

数理逻辑和形式逻辑都是自明的公理，但这个自明的公理的客观基础并没有被解决。

传统逻辑总是被一定的哲学观点支配着。因此穆勒的主观唯心主义表现在传统逻辑的各个方面。穆勒是百科全书式的学者，对哲学、经济学、社会学、政治学等都有重要论著，英国至今都在出版他的全集，在泰晤士河边还竖立着他的雕像，所以他是一个有影响的思想家。金先生学贯中西，对西方哲学家

---

① 公名（general name），今译普通名词。

休谟、罗素、康德等研究颇深，因此在分析穆勒的哲学思想时，经常和西方哲学名家对比。这不仅能弄清穆勒的哲学思想，而且对休谟、罗素等增加诸多理解，比如罗素认为因果关系不重要，它可以用数学公式表示。金先生却认为因果关系重要。金先生说休谟的怀疑论主要对因果，其次是归纳。讨论因果，光归纳不行，典型调查等都是，但其中的逻辑问题需要研究。《穆勒名学》是西学东渐的产物，对中国的近代史有很大影响，金先生对穆勒逻辑和哲学思想的分析，就具有重要的参考价值。

金岳霖先生在解读《穆勒名学》中既读译文《穆勒名学》，又看英文原版，先是弄清了原意，然后加以评点。但用语上难免使用了多套名词术语：诸如严复译的古典名学用语，还有当时使用的苏联逻辑译名，加上通用的英语常用译名，等等，使人读来颇为费劲。金先生的讲解并不是按《穆勒名学》逐章逐节进行，而是有重点、有选择的，深入浅出，条分缕析。有时还说一些历史上的掌故，有时则联系实际，显示了金先生的博学深思。

金岳霖先生还讲解了《穆勒名学》中未译的部分，如假说，显然，在他看来是传统逻辑中的重要部分，值得重视。

今年是金岳霖先生诞辰 110 周年，中国社会科学院、北京大学、清华大学、金岳霖学术基金会将联合举办学术研讨会。金先生的学术思想将被进一步研究和发扬。在这里我将手头的讲义整理出来，供研究者参考。如有记录上的错误，当由我负责，也请诸位专家、学者不吝批评。金先生的解读是我学习和研究的基点。我在后来草成的一些文章，放在附录中，也请读者赐教。

倪鼎夫

2005 年 5 月

目　录

金岳霖解读
《穆勒名学》[①] 十三讲

---

① 穆勒的《逻辑体系》除《引论》外，共分六部分：《名称和命题》、《推理》、《归纳》、《属于归纳的一些方法》、《谬误》、《伦理科学的逻辑》。严复只译到部丙《归纳》篇十三。其余的没有译。

第 一 讲①

我同意穆勒的看法，主词不一定存在。有些人认为命题中主词一定存在，这有问题。主词是否存在，牵涉命题的真假，我们谈 A、E，如果不与存在有关，它们可以都是真的，罗素也犯这个错误。"人而无理性者未之有也"，没有人也真，可见与"凡人是有理性的"不一样。命题中主词存在不存在是个问题，如果没有解决，换质换位也成问题，如所有的鬼是不存在的，换质换位后，不存在的东西变成存在了。

与概念的空实有关，概念是意是物两者都有联系。正负对物，断定是人对物，正负不同是根据事实来的。郝伯斯②唯名论的倾向，把它放在名的方面，非（如非白）不是性质，正负是对命题而言，不是对事物、宾词。按郝伯斯的看法，宾词分正负，整套换质换位就成问题。

穆勒把假言命题加上了时候变成了直言命题，指相承③关系。"如 A 则 B"穆勒看成当 A 的时候，就是 B 的时候，这是穆勒对假言命题的解释。

---

① 本讲解读《穆勒名学》部甲篇二《论名》。名今译概念。

② 郝伯斯（Thomas Hobbes，1588—1679），英国哲学家，今译霍布斯。

③ 相承（succession），今译接连发生。

第 二 讲①

命题肯定什么？是意是词还是物？对什么有所肯定。第一，穆勒与郝伯斯唯名论打官司。穆勒认为不是对意而是对事实。穆勒的事实也是唯心的，但分析起来，他说词的主宾也是意，这不够。第二，命题属五伦②，是物方面的，但仍是穆勒的"丛感"③。命题意涵就是对这五方面的肯定和否定。重点在并著④、相承。存在指本体的存在，存在是本体，并著、相承是现象的。这是穆勒把本体与现象分家。

传统逻辑中保存的存在究竟如何考虑，A、E 包括存在，如何包括？如肯定存在，A、E 可能假……一定要有包括肯定存在的方式，但究竟如何，我不知道。原来逻辑书上的存在不是用之于本体或单用之于本体，穆勒可能是康德主义者。

分类不能解释命题，分类是区分的结果，是可用公名的物，这是穆勒的主观唯心主义。不能反对分类，反对分类定义种差属等会有问题。罗素还用真假定义类，用命题函项定义类。

穆勒定义类用公名，这是不对的。讲类是客观的，不是主

---

① 本讲解读《穆勒名学》部甲篇四《论词》。词今译命题。

② 五伦指相承、并著、自在、因果和相似。这里的伦是指关系（relation），不是范畴（category）。

③ 丛感（a number of sensations），今译诸感觉。

④ 并著（coexistence），又作并有，今译并存。

观的。单类以公名分还不是大的问题，但联系穆勒的对相似等看法（相似是三者关系项），就变成头脑里的东西了。穆勒承认是因，但因不知道，这个和康德、休谟、贝克莱一样，都不承认物自体。重点又在相承、并著，这与丛感的时间、空间观念密切联系的。存在一直不把它看作属性，有一点与唯物、唯心有关，存在词与谓词不一样。有一个理由，如果把存在当属性，就可把定义偷换成存在。普通属性可在定义出现，可是中世纪本体论论证上帝是完全的（包括存在），存在当成属性，根据定义上帝就存在了。

穆勒的并著是同时存在，相承是前后存在。并著相承与关系联系，属性本质与类相联系。我过去认为一刹那就是整个空间。穆勒认为庇音①是要引起感觉的。物自在的存在，培因②认为可不必有，穆勒认为要有"在"与"实"。穆勒和培因的争论是物自在的因要不要。从唯心主义看，培因还有道理。培因不主张把自在看作存在，认为有相承、并著就行了。综合判断一是用作大的理论系统的判断，另用作推理，做人有死的例证。前者好像是公式抽象，后者引用到具体当前的事物上，是衡量对错的标准。

---

① 庇音（being），今译存在。

② 培因（Alexandria Bain，1818—1867），英国人。著述甚富，为联想派心理学家。

第 三 讲①

有名的判断其实是分析判断。穆勒讲很多定义方面的问题，另外讲分析命题综合命题。

分析命题穆勒认为与事实不相干，人是动物，红是颜色，这是名的问题。关键在定义是否是反映真实的真实定义还是语词定义。我们坚持真实定义它反映事实，有真有假，但也存在语词定义的问题，不能因而到此打住。

"人"代表概念和语词两个方面。分析命题也是逻辑判断，p∧q→q，这可以很抽象，我们不能打住。

穆勒认为常德②之词对分析命题很重要，但与事实不相干。而寓德③之词是综合命题，有事实和经验内容，这靠分析主词得不到宾词，只有靠观察事实经验才能得到。大概有人说，分析命题是先验的，综合命题都不是先验的。先验命题实在指普遍有效的必然性判断。综合判断是否不必然的呢？康德进一步认为有些综合判断也是有必然的，这一方面是错误的，另一方面是对的。$7+5=12$ 这是综合的，但是必然的。在这里也可看出限于主宾词式命题是有困难的。罗素 1911 年前认为这是必然的，但不是综合命题而是逻辑命题。现在说所有综合判断

---

① 本讲解读《穆勒名学》部甲篇六《论申词》。申词今译名义命题。
② 常德（essential property），今译固有性。
③ 寓德（accidental property），今译偶有性。

都不必然，而今又用 p∧q→q 就更抽象地不管内容了。穆勒重点是在综合判断，趋势是好的。总的来说当然是唯心主义的。

分析命题主要从主词定义中就可分析出来，逻辑规律都是分析命题。

承认客观事物以后，本质的学说才无困难。原来的本质学说是与实体连在一起的，没有实体讲本质是很困难的，穆勒的丛感就不能有本质属性。

第 四 讲①

五旌之寓不是本质。穆勒的学说我疑心他涉及实体，不承认实体（事物），本质问题就很难说，就会碰到属性，丛感只是一堆属性而已，无本质可言。休谟、穆勒、贝克莱都不承认实体、事物，都不承认本质。

人这类事物，每个是人，也都有人的本质。白属一类，但不太容易说实体。穆勒认为也很难说类，是白但作为事物白是属性，白的类的本质是什么？除了共同属性外，还有什么本质呢？而且白与事物有时不相干。承认事物白与事物不一样，白讲本质没有道理，只有事物讲本质，我们只知其一、二，尚有无穷待知才有些意义。我们现在讲本质但又讲广泛的类，这问题没有解决。人的类，有职业类、人种类、塌鼻类，用了广泛的类又讲本质有困难。还有另一极端，只讲实体（本质）不讲类。

穆勒一般不承认本质，但对类的本质大致同意亚里士多德说的实体，对实体金、银、铜……还是承认本质。穆勒的类是从公名出发的，有公名就有类，一般是不承认本质的类。

特别人为的如长方形的东西、圆形的东西……出来之后，

----

① 本讲解读《穆勒名学》部甲篇七《论类别事物之理法，兼释五旌》。五旌（five predicables），今译五概念、五范畴、五种宾词。指类（genus），今译属；别（species），今译种；差（differentia），今译种差；撰（proprium），今译固有性；寓（accidens），今译偶有性。

有些属性就成问题，白与天鹅可连在一起，白与茶杯就很难一定连在一起，茶杯可以烧成黑的。白类与人类是不一样的。我过去有个唯心的想法，把主词都变成谓词，这就把非本质和本质并列起来，取消了本质，把形质、理气分开，因为主词是抓不住的。

穆勒只谈名，不谈本质。但类还有区别，有本质的问题，穆勒是赞成这种区别的，但并不赞成有本质。

第 五 讲①

穆勒坚持名的定义，一个名称的定义是所有以那个词为主词的真命题的综合，但本身又无真假，这想法很怪。其次，赞成刚知腊②的定义就是分析内涵。讨论了各种定义，认为实质定义是由两个词组成。

演绎系统根据是定义，结论也是定义，演绎系统实质定义是有假设。

（一）定义总是词的定义，坚持这没有错。思想不能离开语言，定义总有一个词（字）在内，但并不是定义就是词的定义。实质定义也有词的定义。穆勒的想法是整个定义是词的定义。可能没有考虑各族人民有共同事件、思想，但没有共同语言。他讲的词可能与我们讲的词的意义不一样。name 名词与 term 词项不一样，穆勒的 name 可能不是现在的词，可能是term（词、词端、词项），不只讲词而是词和概念结合起来，因此讲词端。讲 term 抹杀语言的不同，man 和人是一样，词与概念结合的东西。穆勒讲的 name 究竟是词还是 term，不清楚。如说的是 term 包括概念，如只是词，那么总是真的，但这是不够的。这里穆勒根本未提真假。

---

① 本讲解读《穆勒名学》部甲篇八《论界说》。界说（definition），今译定义。

② 刚知腊（Etienne Bonnot de Condillac，1714—1780），又作康智仑、康知腊，今译孔狄亚克，法国哲学家。

（二）真假问题。坚持概念有真假，概念真假来源就是定义。实质定义是物的定义还是概念定义，我坚持是概念的定义。说物的定义有问题，物无所谓定义，定义是一个思想活动，物是自在的。物有什么德①是自在的，定义是人的事情。能否给物下定义？如给物下定义，真实定义是多余的，不真实的又是要不得的，有的还是空类，如人头马神，等等。所以，定义不是物的定义，是词的定义，但不只如此，故是概念的定义。为何又提真实定义？概念是反映客观事物的，正确反映是真的概念。定义有真假，如果是名词的定义就没有真假。虽是概念的定义，但仍有真假，真定义是正确反映客观的。这样定义就不需要特别假设，有的是假的，有的是名词的定义，means。

穆勒坚持词的定义，应该是无所谓真假，但它的真假又有求作②而来。穆勒对概念真假根本没有提。如果穆勒的概念是抽的"象"，那就发生一系列问题，如无穷概念从哪里来！

定义上穆勒反对观念的定义，而主张名字定义，但仍没有解决前面的问题，定义无真假。

---

① 德（property），今译性质。
② 求作（postulate），今译公设、假设。

第 六 讲①

穆勒讲换质换位不增加新知识，故不能叫推证。原委②不一样，新知才愈多，原委相同不算推证。穆勒重点放在综合判断，也就必然放在归纳，这是线索。

人蕴含动物，否认动物也就是否认人，这是内涵，外延上人不包含动物。SAP 真 SEP 假，这是蕴含不是推论，推论应有断定。这里应看作命题关系，不应看作推论。SAP 到 S̄OP，不周延的 P 得到周延的 P③，三段论规则早就说不能扩张，这是问题，已至少有一百年。

曲全公例④，严复认为曲全公例乃为复词⑤并无精义（凡两端意义平均、广狭相等者谓之复词）。例如：凡于一类之全而有所谓者，于其曲靡所不谓也（《穆勒名学》三联书店 1959年版，第 145 页）。用今天的语言说这条公理就是凡是对某一种类所能肯定（或否定）的无论什么，也能对这一种类所包

---

① 本讲解读《穆勒名学》部乙篇一《论推证大凡》。推证（inference），今译推理，推论。

② 原（premiss），今译前提。委（conclusion），今译结论。

③ 从 SAP 经换质、换位推到结论以 S̄ 为主词的推理，在传统逻辑里叫做庚换（inversion）。SAP 换质为 SEP̄，再换位为 P̄ES，再换质为 P̄AS̄，再换位为 S̄IP̄，再换质为 S̄OP。上述每一步都符合换质、换位的规则；P 在前提 SAP 中不周延，但 P 在最后的结论 S̄OP 中却周延了。这是传统逻辑没有注意到存在问题的局限性所在。

④ 公例（axiom），今译公理。公例（law），今译规律。

⑤ 复词（identical proposition），今译同一命题。

括的每一个成分加以肯定（或否定）。逻辑学家便称之为三段论公理（dictum de omni et nullo）。

现代逻辑认为：

所有的真命题所蕴含的命题都是真的

p 是真命题蕴含的命题

∴ p 是真的

既是结论又是推论方式本身

（p∧（p→q））→q 由定理变成规则

换质换位发生问题，三段论三四格都有换位问题，也发生问题。

第 七 讲①

穆勒三段论的理论主要有两点：

（一）三段论是绕圈子，是丐词②；其次，三段论没有用处。绕圈子就是结论就在大前提中包括，实在就是归纳。穆勒认为三段论结论并不从大前提得到，大前提凡人有死里已包括苏格拉底是人，苏格拉底有死。大前提实在就是记录的缩写，它是由归纳单称的词来的，承认它是推论，但是丐词，这里三段论被解释成由单称判断到单称判断，作为归纳这一部分否认演绎三段论，但以很怪的方法承认是推论。这是对演绎不了解的东西。

（二）博郎③提出不要大前提，穆勒又不同意。博郎说人的内涵已有死，穆勒说不行，人的定义里没有死，这点似乎又是形式的想法。承认博郎就承认凡人有死，博郎认为大前提是分析判断，穆勒不赞成，人没有死的内涵。三段论大前提是综合判断，是归纳来的，它根据具体事实，由个别到个别，这样的理解好像绕圈子，事实上并不绕圈子。绕圈子与普通的说结论已在前提里是不一样的。不完全归纳并不认为结论已在前提里，演绎则结论已在前提里，说没有新知识也就指这点。尽管

---

①　本讲解读《穆勒名学》部乙篇三《言联珠于名学功用惟何》。联珠（syl-logism），又作连珠。今译三段论。

②　丐词（begging the question），今译窃取论点，要求先决，预期理由。

③　博郎（Thomas Brown，1605—1682），英国人，医学家。

结论在前提里，是否有新知识，那是一个问题，但可能有新的认识，这是周谷城与马特的争论。

有无新知识与演绎是两个问题，几何很明显，几何是演绎的，但有新知识。具体谈三段论有无新知识，这情况就产生分歧。这与穆勒讲的丐词不一样。为什么？因为穆勒说结论只在大前提中（我们则说结论在大小前提中），故是丐词，这里很不清楚。穆勒说单个人都有死——威林顿、苏格拉底……是归纳的一部分，好像取消演绎。其实用于法律就不同了。

另一人反驳穆勒，说苏格拉底不包括在凡人有理性中，意思是所有的人包括了人，但没有苏格拉底，除非断定苏格拉底是人。穆勒说我没有反对，因为事实上是人。这不对，事实上与断定两者不一样。穆勒认为事实上存在可以不加断定。作为人包括，但作为苏格拉底并未包括，小前提是有作用的。如小前提假，就产生正确性与真实性问题。穆勒究竟如何想法？有的地方说小前提仍然要，有的地方说不要，可以分析出来，所以是矛盾。

穆勒说三段论就形式是丐词，是主语表达方面的丐词，加以研究就发现是推论。又说有用，因为有推论，是个别到个别，差不多像类比，近乎归纳的推论，有用也在这里。照穆勒说，结论不在前提中，只是个别到个别而得。三段论有无新认识，不否认结论在前提中，穆勒却否认新知识，否认大前提。这值得研究。

杀人者死，在法律里不是归纳来的，情况就不同了，就不是个别到个别，其中不包括苏格拉底、威林顿等杀人者死。杀人者死法律上就有必然性。穆勒如果活至今他是不承认有三段论形式的正确性。牵涉全归纳派，照穆勒的说法，三段论结论也不是必然的，就没有形式的必然性，取消了形式必然性。

　　摸不清穆勒的思想，在名强调是物的名，定义又好像不然，他又把三段论转成归纳，但是又反对不要大前提，结论由大前提中分析而来，又要小前提。穆勒说的归纳实在是类比。

第 八 讲[①]

穆勒贯彻前面的观点。从小前提作文章，把演绎转化为归纳。一连串的连珠，很怪的想法都是从小前提来的。

这两段特别的地方，普通讲一串演绎多半是全称，除前面和后面一个，中间既是大前提又是小前提，结论转化为大前提。无论如何不都是从小前提作文章，而穆勒却如此，着重在小前提。

另一特点，小前提总是单称，我疑心他的想法是把演绎变归纳，认为两个前提全称是绕圈子，结论已在大前提中。穆勒把小前提变成归纳的一部分，说小前提是单称则简单些，这不是全面从演绎出发。其实以一个小前提为单称是否可包括三段论全称、特称等组合的全部，这是不可能的。两个全称是两个归纳，它们的关系就没有说单称的包括在全称中明显。穆勒实在是用简单枚举的过程来代替演绎的过程，这个观点对大前提是全称，小前提是单称最合适，他是一心要把三段论演绎转化为归纳。

穆勒举几何为例，解释成每步都是一个归纳。严复翻译的例子，照穆勒说，它每一步都是归纳。然后回到演绎推理的根

---

① 本讲解读《穆勒名学》部乙篇四《论籀绎及外籀科学》。籀绎（reasoning）又作思籀，今译推理。外籀（deduction），今译演绎。本讲还解读部丙篇十《论众多之因，错综之果课》；部丙篇十一《论繁果籀例以兼用外籀为宗》。繁果（complex effects），今译复杂结果。籀例即推理的例子。

基上，都成了归纳推理。欧几里得第五公理由第四公理演绎而来，穆勒却说成从六步归纳得出来。我看不懂它是归纳，好像仍是演绎，穆勒自己也不懂。穆勒认为第六步是演绎，实在是归纳。总之，不能因为有直观，就都算是归纳。

一个科学的进步，靠演绎的成分愈来愈多。这与穆勒的说法不同。我们主要想的是自然科学，数学差不多是演绎；物理演绎的东西愈来愈多，当然归纳不一定少。演绎愈来愈多，天文也然，在1957年前它是观察科学，不是试验科学，因为靠物理及其他科学的发展增加了对天文的知识，好像是一门科学愈发达，演绎愈多，标准的是数学、物理学。这点对社会科学可能要批判。穆勒是演绎与试验对举，又以自然科学为范围。前面的想法是把演绎与归纳对立，与穆勒把演绎（即归纳）与试验对立，两者有不同。作为真正广泛的科学来说，穆勒的话不对。科学的还原论是要批判的，但就物理、数学来讲，穆勒的话是对的。

演绎只是徽①的作用，从认识着想都是归纳。科学发展不是演绎与归纳的差别，而是演绎和试验的差别。

演绎能增加新知识，演绎的证明至当不移，除非整个是假的，有效性这一点与归纳不一样。

左右、因果具体情况可改变，但左右、因果概念不能变。

穆勒在下面又讨论了众多之因，错综之果。

其实试验多因复果物理较容易，而生理、心理、社会科学较难，搞逻辑的一向不承认。马克思主义对典型调查，似乎可试验，但其中的逻辑问题是什么？穆勒就是想从社会科学搞出

---

① 徽（marks），今译记号，标记。

一个科学方法。

　　穆勒以归纳为宗，其实单归纳不够，所以有归纳演绎并用的科学方法。社会科学更复杂，似乎抓主流等辩证法更有效。由单因单果到多因复果的研究牵涉很多哲学问题。不是原归纳能用不能用，而是用的结果总是不可靠。

第 九 讲①

这里问题不少。穆勒原书的标题是"满证和必然的真",演绎为何那样强,其定义是假设这事物的存在。牵涉数学的先验、必然、演绎,由原到委,由证明前提到证明结论的必然性。

有人认为数学与几何一样,推出真的,不是定义,而是与定义一起的假设,穆勒引士爵尔②的话反对呼威理③。他们争论的有两个问题:由前提到结论的必然;命题的先验,命题本身的必然,必然而不必先验,呼威理就是如此。原到委的必然,穆勒是承认的,但解释不同,他认为需要有一个假设。其实,定义如果是真实定义,根本用不着假设。穆勒产生这问题是坚持只有名词定义,从名词定义推出,就无所谓真,这样就要有一个假设,说定义的事物是存在的,推出来的东西就是真的。其实,真实定义就不需要假设。穆勒坚持由公理、定理出发,只有坚持存在假设这点才可得出定理。呼威理认为有的命题不与经验相联系,这个问题如何解释?呼威理说这是先验的。穆勒则认为不是先验的,而是从经验得来。但呼威理也不承认独立于任何事物的经验,线、周、

---

① 本讲解读《穆勒名学》部乙篇五《论满证所以明必然之理者》。满证(demonstration),今译论证,证明。

② 士爵尔(Dugald Steward, 1753—1828),英国哲学家,今译斯图华特。

③ 呼威理(William Whewell, 1794—1866),英国哲学家,今译惠威尔。

角等这是由经验来的，但同时存在单靠思维力就可得二直线平行不交的定理，这和 2、10、2 + 2 = 4 从经验得来就不一样。

定义背后有解释，但穆勒主张公理是至当不移的。

关于必然，穆勒承认由前提到结论的演绎是必然过渡。好像他不承认必然的判断，前面是说了话的，后面可能没有这样说。穆勒根据的主要点总是事实、经验。

必然判断总涉及先验，洛克已经把这种类型的思想——天生的观念批判掉，主要是欧洲大陆的理性主义的先天观念，洛克之后确实是不出来了。我认为先天观念，有些问题是后来的先验论冒出来的。说"有些观念小孩子生出来就有"这种说法是没有了，可是出现另一种说法，说有些判断如"交叉线不周一空间"是否认不了的。对否认不了的观念有很多不同解释，古老的说法是"自明"，通明透亮，正面是自明，反面是不可想象①。想象同思议仍是两件事情，实在是现在人说的形象思维与逻辑思维的问题。这两个东西确实不一样，想象是形象方面的，和不能想象（象）不能思议是不同的范围。"0"是没有象的，"无穷"没有象，但"0"、"无穷"、点、线等是可思议的。穆勒说，线可以产生"长"的思议，注意这里仍是象。但认识上的抽象，大体说不可想象的东西常可思议。休谟提到整个大金山是金子造成，这可以想象，但没有谷的山是不可想象的，碰巧没有谷的山也不可思议。无穷数很多，想象其不同很困难，没有"象"用符号作"象"，如无穷大用"∞"……不可思议中有"想象"、"概念"，抽象不是"象"，

①　想象（conceive）。

有些不能想象，但可以成立，如欧几里得的点，解释它自明，是否是不可想象，不可想象不是标准，不可想象可以思议，不用象可用概念思议，不可思议仍是心理方面的，没有标准。再进一步解释，穆勒的文章就有，但不很清楚。反面不可思议，反面本身是矛盾。从心理转到逻辑，先验判断是自明的，反面不可思议不可想象，则反面就是矛盾，红的东西是不是没有颜色的东西，否认它试一试，红是颜色是自明的，为何反面不可思议，反面是红的东西没有颜色，联系红的定义，是介乎黄与蓝之间的颜色又不是颜色，这是矛盾。二线不周也是矛盾，只能在一点交叉，二线交叉就不是直线了。有些命题的反面就是矛盾，这些命题使人一看就知道，从逻辑上说其反面就是矛盾。这容易产生不靠经验的思想（当然有些先验论不只是这些东西）。呼威理的二线不周不用经验，但是否整个就不来源于经验，这是不对的。但应承认这个判断有特点，它是不用经验，但不能夸大，也不能缩小。这范围里的先验论比较容易看出其不正确，其实就是康德所说的分析判断（但康德说二线不周是综合判断，红是颜色是分析判断），$7 + 5 = 12$，康德说是先验综合判断。有人反对康德说，是先验的就不是综合的等。

　　思议问题想谈严格的概念与不太严格的经验，穆勒在前面讲演绎，提到几何前提并不都真，没有相应的东西。可是另一问题就不一样，推论下去的严格性与抽象性分不开，穆勒的想法，好像任何这样的概念来源于经验，而事实没有圆、方，是否感到演绎是靠概念，而四方概念与四方桌不很符合，穆勒可能看作这是抽象的缺点（有地方说是优点），不能如实，但真如实推论就有毛病。呼威理说推理还靠公理，二物等一物，二物相等，要求相等是绝对相等。普恩卡莱最初提出，经验方面可以有用手衡量重物，如果是这样的相等，使公理成问题。数学中先用绝对数再加误差，量布的人假定二者相等再加误差。说明有些公理靠严格概念，否则推论演绎就不行，尽管脱离事物，严格与不严格互相为用，巴黎的米达（白金）①是严格的，又用其他方法去衡量。穆勒未说得很明确。

　　这与判断的至当不移有关，判断从定义来的，二物等一物二物相等，不必经验，否则就得试验。按定义就相等，按定义反面就不可思议，不按定义就得试验。

　　演绎从前提蕴含结论承认是必然的，严格讲就是蕴含的必然性。穆勒好像认为就一个判断本身说必然有困难，把不可思议看作不合事实。我要提一下，这类的必然（前提到结论）到判断本身的必然是类似的东西。普通说承认前件不承认后件是不可能的，不可能就是矛盾。或者承认一个判断或者不承认一个判断，这个永真相当于排中律，反面就是矛盾，否认命题演算任一定理就都是矛盾。三个命题八个可能就是永真（析取），一个命题二个可能就是排中律，否认排中律就是矛盾。从一个命题看，前提到结论就是一个逻辑定理，如$MAP \wedge SAM \rightarrow SAP$，承认前提不承认结论就是矛盾，把推论就看作蕴含，如所有人有理性并且张三是人，得出张三是有理性的。这是永真命题，也就是说否认一个逻辑定理是不可能的，也是矛盾的。重言式比穆勒说得更清楚，它已由模糊想法变为科学理论。有个故事说，牛顿很聪明，邻居贵族很喜欢他，送给他一本欧几里得几何，牛顿要他另送一本书，因为欧几里得几何是"自

---

　　①　指保存于巴黎的铂制公尺原尺。

明"的。数理逻辑、形式逻辑现在的自明，当然清楚了。但究竟是怎样的自明？客观基础未解决。

关于公理的一些学说，反面不可思议不可设想，就是反面是矛盾。正面是由经验得来，穆勒不承认推理过程的必然。斯宾塞尔说不可设想是必然，又说是经验，又说有时可以思议，这是混乱，他说没有更好的办法作标准。反面不可思议很强，一串推理就更弱。正命题与反命题，同出于客观。

穆勒不喜欢演绎，对数学的必然真和普通科学的必然性两种必然的态度不一样，穆勒认为靠实验的不是必然的，而数学是必然的。穆勒竭力把必然说成不必然，演绎说成归纳，这是错误的。

第 十 讲①

穆勒认为作为归纳一定要有推论，它在学术中起作用，在日常生活中仍起作用，引用很多天文方面的例子。第一篇提到的是测距离，可作归纳，但在举的例子中会产生问题，我倒可以看作归纳。我见到吴政之的实验是归纳，但是 20 世纪的新水平，归纳还原 A、B、C 到与培根时代一样，但步骤很多不同，有以前科学的成果、技术发展、演绎，得出了一般的东西。

穆勒前后两个例子是不一样的，说水师围绕岛不叫归纳，因为没有推论。推论这二字发生了"特点"，由已知到未知是推论，结论在前提之中不是推论，那么演绎是不是？超出已知范围有不同情况，如在前提中但未认识，算不算推论？穆勒不算演绎是推论。可能穆勒的想法是演绎结论不包括在前提。把大前提当总词②也有问题，如完全归纳就被撇开。

凯普勒观察行星是椭圆运行，穆勒说也不是归纳。这里至少有疑问可提出来，船围绕岛与观察行星二者不一样，围绕岛

---

① 本讲解读《穆勒名学》部丙篇一《通论内籀大旨》。内籀（induction），今译归纳。

② 总词（collective proposition），今译集合命题。

可以没有推论，行星问题却不一样，仅目所见，问题在行星椭圆运行是多年观测积累的成果和数学演绎的结果。单就椭圆运行说究竟是用的什么方法？观察火星已往用的是归纳，将来是否重复过去用归纳？

第十一讲①

20 世纪 20 年代以前的逻辑教科书大多有"自然齐一"的说法，这是归纳的根据。讲的是不完全归纳，如何由个别通向一般，完全归纳是没有"跳"（推）的问题，归纳的根据实在是"跳"的根据。"天鹅是白的"没有例外，但在 19 世纪却失败了。休谟第一个提出怀疑主义，主要提因果问题，其次也提归纳。经验都是已往的，如何知未来，尽管太阳天天出来，但不能担保它明天一定出来。

罗素的归纳原则其根据是什么？

这与演绎不同，演绎的"所以"在大小前提中，归纳并不如此，这牵涉归纳原则。有一时期就用"自然齐一"的原则。这原则不知对否。原因与根据是不一样的，可以把原因倒过来，根据不可以倒过来。

"自然齐一"究竟是什么意思？正确表达很不容易。穆勒解释成无穷数齐一，即不同的类有不同的齐一。自然齐一还是根据客观来说的，我们不这么讲，是否就是规律、本质。穆勒否认实体也否认本质，只讲"丛感"，很难得到"跳"的根据。

"自然齐一"从巴克莱等人起一直没有解决，"自然齐一"本身也很难成立。

自然公例仍是归纳的根据。"例"基本上有两个不同的解

---

① 本讲解读《穆勒名学》部丙篇三《论内籀基础》。

释，有的语言中字也不一样，一个意思是法律的律的意思，一个是自然律。自然律表示相对稳定的关系，而法律表示人的意志。美国的《人权宣言》有两重性的意思，一个是自然，一个是自然上帝的意志。我们用这个字主要是客观上相对稳定的关系。

资产阶级不认为任何事物都有规律，偶然是没有规律的。我们讲偶然都有因。

归纳比因果广，归纳的重要问题是因果。

第十二讲①

相承、并著②都有数的齐一，因果主要是从时间相承上看的规律，可以预见。从认识史与常识上是如此。但到真正系统的科学求因果就进入更高的要求。万有引力可用因果表示，更可进而用更精确的办法——数学公式表达。罗素所以说，因果关系并不重要，只是初级的，更精确时可以不用。但不能因此说因果不重要，用数学表达的仍是因果关系。因果关系是重要的，但主要点仍是放在时间上，前因后果，在什么范围内起因果作用。

穆勒说只是相承不够，但超过现象的相承内在的齐一又是什么？是现象与现象之间的因。白天黑夜不是因果关系应该摆脱掉，只是经验感觉而已。穆勒讲因果不讲致、必然，只讲现象就只有陷于时间的先后。穆勒主要是感觉论的困难，避免它又产生其他的困难。有因与有果相等，甲因致乙果，使有甲充分而必要有乙，有夫必有妇，但夫妇不相等。

诸缘③为一因，穆勒包括很多缘为因，其中包括有决定因和诸条件等。穆勒在后门引进了致。

穆勒讲因是主动的（即能），果是被动的（即所），不能

---

① 本讲解读《穆勒名学》部丙篇五《论因果》。

② 并著（simultaneity），今译同时发生。

③ 缘（condition），今译条件。

以能所分因果，主要的还是在致。

炸药混成其实都只是缘，但穆勒混为因果。穆勒分得很细，因果会产生很多问题。我们现在分得简单，应用时好办。

因缘果为何有隔离不行，不隔离也不行。隔离不行是因果中要有媒介以太，不隔离昼夜就成一样。因果在时间上不隔离，因果变成同时，那么时间就不存在了。

待是针对果说无待，联系到必然。太阳之于白天，白天之于黑夜，在穆勒都是一样的经验。这两个因果关系按经验都成立，说无例外都无例外，说有条件都有条件。穆勒说对了白天黑夜两者不是因果关系，是违背了他的说法，是偷了致才成的。

致时间上必然在前，经验主义者事实上是感觉不到时间，经验不到时间。

这里有不可知论。

异果彼此不成因果关系。

这几节，穆勒讨论因果：第一是致的问题，第二是因果相隔不相隔的问题。

讨论力学三大定律发现后对因果关系有无影响。这是力学问题，大体说力学是可以转化的。穆勒以前不知道"等于"的，热力也然，两者转化前后是相等的。全世界的力是不消失的。1844 年到 1848 年，第二热力学规律说热的动态总由热到冷的地方去，但这过程是不回头的，这仅是小世界范围内的。穆勒没有谈到这一点。热力转化为机械力，热力是因，轮子转动是果，具体的因果转变为力的转化，形式仍是因果。这定律出来后因果不受影响。

穆勒讨论意志和行为的因果关系。

志为因，行为果，因为这是直觉经验，大的问题也是致的问题。原来意志自由与必然没有统一的，意志是没有因的。马克思主义自由与必然统一，形而上学与唯心主义相反。康德的想法是意志放到因果链子里就不自由了，所以他提出上帝、意志自由、灵魂不灭。穆勒这里所以提出这些问题，因为不否定，就不能是归纳。

第十三讲①

　　论并因，其实是复因问题，穆勒在讨论复因中可以注意一点，他认为合因为力学，可为演绎，化学则不可，其实这是不同的规律而已，认识日进皆可为演绎。发现一个规律后，是化合还是和合②并不一定。氢和氧变水后，是否一定是化合或是和合不一定。化合不一定是化学，社会科学也是。这篇对本书很重要，找因果的方法，针对和合。认识过程最早知道和合，如一个人能挑 70 斤，150 斤就需要几个人挑。通过和合才能发现化合，通常救火是通过和合起作用，但遇汽油起火则反之，要知道化合。

　　试验优于观察。从因到果用试验适当，从果研究只要观察。穆勒谈的和以后所了解的有些不同。我作一般的谈谈：主要的东西穆勒抓住了，试验可以变更条件，试验是主动的，这是相对观察而言。试验是掌握条件的，大体说要掌握一定的科学条件，掌握科学条件也是随科学的发展而发展。要把许多条

---

　　①　本讲解读《穆勒名学》部丙篇六《论并因》。并因（the composition of cause），今译合因。篇七《论观察、试验》。篇八《论内籀四术》。内籀四术（the four methods of experimental inquiry）指统同术（the method of agreement），今译契合法，求同法。别异术（the method of difference），今译差异法，求异法。归余术（the method of residues），今译剩余法。消息术（the method of concomitant variations），今译共变法。篇十一《论繁果籀例兼用外籀为宗》。篇十二《论解例》。解例（the explanation of the laws of nature），今译自然规律的解释。

　　②　和合（mechanical combination）又称协和之合，今译机械的结合。

件分开来，这是不简单的事情。没有以往的科学知识和科学技术是不行的。如掌握水温，要掌握温度、掌握水，撇开条件制造条件，加进要看作用的因素，在同样条件下重复。另外产生一个情况，用一次的试验可代替多次的试验，它有充分的代表性，抓住了它的一般本质，与简单枚举不一样，简单枚举举的次数愈多结论愈可靠，而试验是用不着多的。在理论上试验与简单枚举大不相同。

试验很具体，但结果很抽象。实验室制造的水是具体的，抽象出来只代表一个属性，与实际的水不一样。医学上的纯粹比化学还高，形而上学可能牵连到这点。

穆勒认为由因到果容易试验出来，但对"果"只好等待它的自动到来。

穆勒在因果定义中没有致，但愈讲下去就有致，这是我的感觉。现在没有提致，致是不能感觉的，而观察试验都是与感觉联系的。

穆勒讨论归纳的方法时，多用现象名义，他说按现象兼事物道器而言乃物变最大之公名，但有可指即为现象，无间为形为神为气为理。大概是：

形——具体有形态，神——形上

气——具体但包括无形，理——气的变化运行

现象用法已如上述，见象①具有可排除的偶性，见象与现象之别（《穆勒名学》生活·读书·新知三联书店1959年版，第298页）。

---

① 见象（the phenomenon）。严复把在某种场合下，在众多现象中，具有可排除偶性的那个特定的现象，称为见象。

穆勒的归纳方法：

契合法 A 与 a 是充分条件。

差异法有 A 才有 a，没有 A 就没有 a，是充分必要条件。

归余术地位与别的地位不一样。

穆勒讨论演绎和归纳以前对三段论轻视，但本章（篇十一）对演绎的态度却不同，所以，穆勒是否将演绎看作就是三段论，全归纳派轻视的不是演绎？篇十第三节对演绎也很重视，如何了解？

论解例，回答为什么，从逻辑、认识论和哲学上回答为什么，就要提出一件事情，提出一个为什么。

有两个不同的为什么？一个是由于什么……而……一个要达到什么，使这件事情发生。由于什么，是从客观事物发展中提出因来解释，如火柴不小心致火灾，举出以往有过的事情，自然界只有这种因。另外一种为什么，为一个目的，有时叫目的因。后一个限人，可能动物也有，如猫等候老鼠。但大体上目的是人事。历史上有人把目的因看作主要的，这不行。我看主要是由于什么？有了这才产生目的因。当然，如果有人打我一拳，我不还手，而去找巡警，这里两种因都有。

指出先行的因，或提出所要达到的后因的目的，这是二类因。我认为提出第一个因是基本的，有第一类自然因，才有第二类目的因。为了解释因，有时就会发现新的规律。

另一个问题，可能是马赫开始，认为自然科学方面只有形容的问题，没有解释的问题，所以，有人称马赫主义为形容主义。解释不解决问题，解释甲，提出乙，这是把问题转移至乙而已。自然科学里有为什么和怎么样的问题。不回答为什么，就只有怎么样，他们以感觉要素来形容感觉，这不解决问题。

19 世纪和 20 世纪初有这两方面的意见，辩证唯物主义批判过。有时为什么和怎么样可能有联系，如解释温度为什么热，就说出气流怎样怎样，说明了怎样也就回答了为什么。

杂举解例之事实。这篇对篇十二而言，有无与篇八与篇九的关系，层层迫进，综合运用三法，可作为问题考虑一下？

结论是否完全已经包含在前提里，如果是这样就无新知识，没有至当不移的包含。说书架上全是我的书，第四本也是，但我不知道是什么书，苏格拉底是人、是知识。结论在前提中，但不一定有这知识。解释公词①是对错问题，不是推论。有无新知识和推论是另一问题。大前提是当规则看，威得理②看成蕴含，穆勒看作不是，说事实上并不蕴含结论，也不矛盾。威德理是对的。

p 实质蕴含 q 是真假，不是意义包含。有内包有外延，如红就有颜色，这从话的意义说，这不是实质蕴含。三段论公理最重要的是传递质。

以上是严复译《穆勒名学》的内容，以下的各部分是《穆勒名学》部丙中严复没有翻译的。金先生作了介绍，仍加评点。

---

① 公词（general proposition），今译一般命题。

② 威得理（Archbishop Whately, 1787—1863）英国大主教，著作家，逻辑学家。又译魏得利。

金岳霖评介严复
未译穆勒《逻辑体系》
部丙《归纳》篇七讲

第十四讲①

穆勒讲假说，分七节。总之题目是讲自然律的局限和假说。对自然规律，根据已有知识不够，解释过程中有限制。穆勒可能认为对自然界以后只能是描述和假设。穆勒早些时候曾把解释和假说联系在一起。

第一节

有些自然律是根本的，有些不是根本的，有些可以从另外一些规律推出来。原始的、根本的、前提式的规律是终极的规律。能够把自然现象归结为原始的规律，解释的目的也就达到了。

第二节

原始的规律不会只是一个，单从质方面着想或从感觉方面得到的质，彼此可分别得很清楚，如颜色和酸甜苦辣等等。这些质每一项都有自己的规律和根本的规律。这里穆勒又进行了辩论。这些不一样的质有不同的根本规律，尽管这些规律可和

---

① 本讲解读严复未译穆勒《逻辑体系》部丙篇十四《论自然规律解释的局限和假说》。

其他根本规律联系，如颜色和运动相联系，但是，那样一些规律还不是颜色的规律，红和光的频率不一样，虽然频率可以定义红。感官达到的质和可能联系起来的规律，两者可能是有些区别的。运动方面的规律一个连一个是普遍有的现象。这些现象可推导到更根本的规律，物理学的成果是了不起的。穆勒也讲到万有引力，热、电、化学涅伏[①]等等，当时还没有谈力的转化。这是规律的系统化问题，系统化后科学也更靠得住，也更能解释科学的实际情况。事实上，这些也是演绎的想法，即从根本的东西解释次根本的东西。

第三节

穆勒又反驳孔德一下。孔德好像不赞成从不根本的规律追索到根本的规律。但孔德提出颜色有自己的根本规律，再找根本的就没有什么意思了。穆勒好像不太同意。这我不明白，因为开始讲到穆勒也是说，根本规律仍不能代替感觉的质。听到声音和颤动的频率有关系，这能增加知识，孔德认为没有意思。穆勒不讲实体，孔德讲实体，也可能是二人的分别。这我看不很清楚。可能孔德认为有些解释不对，如液体震动解释颜色不对，穆勒说这想法的缺点不在于用液体解释颜色，而在于根本没有液体震动的实体存在。

---

① 涅伏（nerve），今译神经。

第四节

假说是任何这样的一种猜想，一方面解释一堆事实，另外再推出一些结论，这结论也是可以证明的。解释和假说连成一片，也和因果连在一起，有些不是因果现象被解释成因果的，假说也是一堆现象被解释有因果关系。

穆勒逻辑重点放在归纳，归纳的重点放在因果。我们讲假说不限在因果，归纳不限在因果，虽然归纳在因果方面是重要的。归纳不一定得到因果，如归纳出天鹅全是白的，有什么因。有些一般状况是从归纳得到，但不是因果，只是普遍现象而已。归纳情况分门别类，有些有因果关系，有些不一定有因果关系。

穆勒讲假说，一方面与解释挂钩，另外与因果挂钩。而我们现在并不单从因果这方面联系。

假说是一个猜想，猜想可以无边无际，这不是假说。假说受当时科学条件的限制。假说知道有因，但不知因的作用，或知道规律的作用，但不知道何因，所以就做一个假说。知道因不知道作用，如牛顿之前关于天体运行，包括牛顿自己也不知道。笛卡尔波浪运动也是这样。

假说提出后就可以演绎，以前讲到是归纳—演绎—证实。证实是从事实证实。牛顿万有引力的因知道，但如何起作用，怎么会有行星的轨道，牛顿先归纳证明重量与引力成正比，与距离成反比，其次把已发现的地球与月亮的引力比较，如果没有旁的力量，月亮就会掉到地球上，还有离心力的影响。

假说总从以往的归纳提出演绎，进行证明。但往往忽略第一步的归纳。这想法是好的，第一步是根据归纳来的，证实后就是一个可靠的结论。

牛顿假说一个力量把行星向太阳系中心拉，使行星不走直线，根据开普勒规律，在同一时间由一个行星通过相等领域运行，地球有引力是一种轨道，没有引力就没有轨道。用差异法提出假说是根据归纳的，根据已有科学成果的。

第五节

广泛地讲假说，假说的重要。设想普通的试验总要有一个想法。假说如果被证实是错误的，也是有益的。这段与普通的教科书差不多。

以太可以解释一些现象，但都不能证明以太之存在，这就不能满足假说。尽管可以假说一些问题，但仍是不好的假说，更不能说它是真的。

根据存在的原因解释作用，比不根据存在的原因解释作用要好。

第七节

拉普拉斯的例子假说整个太阳系是由星云组成的。穆勒认为根据现在事实推断过去，这不能算假说。这我不明白。

只有第五节讲一般假说。其他都是解释和因果相联系而发的议论。现在教科书的假说是比较广泛的，不限讲因果，我看是对的。因果虽广泛，但不能把归纳都看成因果。如万有引力就不易用因果说明。

第十五讲[①]

因继续下去，果也继续下去。铁放在潮湿的地方，继续放下去，锈继续长下去。又如空中掉下东西，引力起作用。掉到真空，就1，3，5，7，9……成倍加速，因为加上以前的冲击力。

第一节

论经验规律。自然科学方面有些不是基本的因果规律，在研究过程中但还不知道为什么？也不能还原到根本规律，在特殊的时间、地点、条件下都叫经验规律。是否能重复也不知道，如果知道能重复，那么就比我们事实上知道得多。虽然不知其限度幅度和在什么地点重复。如日食虽说可以解释，但不知何时重复，这还是经验规律。胡适在哥伦比亚考博士写"中国逻辑史"，有人问他中国历史记载从何时起就可靠了，胡适答不上，问的人就说诗经中有日有蚀之。根据现在推出的结论是正确的。当时胡适没有答上。

---

① 本讲解读穆勒《逻辑体系》部丙篇十五《论递进的结果和原因的连续作用》第一节；篇十六《经验规律》第一节至第七节。

第二节

潮汐一般知道什么时候有，但上海什么时候有不会知道。物体受热膨胀，而水是例外，杂交会改良品种，气体为何能透过膜，合金比原金要强，这些经验规律已知道，看来可用根本规律解释，但现有知识不够。我们可以发现规律而不懂它。

从少数根本因果规律一定可以产生许多规律。同一规律可产生不同结果，在时间方面从相隔很远的因产生，许多因同时起作用产生综合影响，可以说影响靠并著、相承，因果相继秩序亦靠产生的原因。如果结果是同一因产生就靠同一的规律产生，为什么这个因的产生，为何并著，并著也有其因，步步上推就达到根本的因，或者达到同时际会①的因。经验规律不只是别的规律的产物，而且是际会的产物。天体运行规律产生地球上很多规律，即向心力、离心力，等等。地球上很多规律可从上二力推出。还不止此，有一个基本事实，很多行星运行也是这样，这是际会。发现因果总可推到基本规律和那时的际会。

第三节

要解释一个规律，要把一个规律从另一个规律引导出来，有一个成分只能从际会导引，而不单从因果律导引出来，那个

---

① 际会（collocation of causes；meeting in a point），指多种原因和条件的组合，在时间和空间上并存，综合产生的结果。

属际会的导引成分我们是不知道的，际会是不遵守原则的。

地球上有些什么实际，有这没有那，彼此没有常住的关系，一个实体比另一个实体多，一个力量比另一个力量有效范围大，我们找不出它的规律来，我们不懂向心力、离心力有那样一个比例，使地球运行是椭圆轨道，也不知道它们为什么交叉在一起，但尽管不知道际会，还是有其常住性。这与恩格斯批评牛顿要靠第一推动力一样。这里穆勒表示对际会是无法知道的。

第四节

经验的规律或者从更根本的规律推出，或者从际会导引，因此经验规律是不知道对它如何作解释。如果主要是际会导引就更不会知道。地球上找煤层也是经验规律。如果到月亮上去找煤层就不行了，找煤的经验依靠地球的际会，是不能随便搬用的，它只能在一定时间地点之内是真的。其他地方是否重复是不知道的。这有些把事实与规律割裂。有些事情就没有原因，从辩证唯物主义看是有问题的。

第五节

经验规律怎么知道它不能还原到根本规律。如概括只是统同①，只是经验规律，单靠统同是得不到因果的。统同最多在广的情况下，看出一个现象如何产生，这一层不止包含一个现

---

① 统同（agree, agreement），今译契合、求同。

象的因，且与其相关的所有的事，或是多因的结果，或是一因的结果。这方法不能使我们决定什么经常现象是因果律的表现，或是因果律支配下的次要结果，或际会的结果。刚刚所说的情况只能叫导致的规律。如何导致我们不知道，根据只是统同。统同得不到差异和演绎的证明，都只是经验的例子。这些例子有效性如何？如果可能是有效的、广泛的，看它是否能还原到根本规律，或者是际会的，前者因果性大，后者因果性小。虽然前件（先行现象）不一定是后件的因，但前件无疑可追溯到一个共同的因，这仍不是际会来的。地层的经验规律比动植物规律强，它们自身不是因果律，并相信是际会。

第六节

我们从经验规律的定义，是不知道它是因果规律。我们知道它是因果规律，但不知道从何规律推导出来。即令观察到的现象是因果性的，但不是最后的。例如，A 和 B 之间有某一现象，知道这东西存在，但我们的感官感觉不到它，不能正确地知道它的情况。有这样的现象，如叫 x，则 A 和 B 的关系是远一点的关系，承继关系就次一点，实在是 A 是 x 的因和同时是 B 的因，A，B 关系就是次层的。例如，实体的水与其成分氢氧的关系，氢氧合成水，只看到二气体在某比例上结合。它通过热电进行，无可怀疑是因果关系，但前件是两种气体机械的结合，后件是水的产生，两者中间有一个东西没有看见。我们去分析水，加以拆开，有氢氧二气，我们没有看见原子如何结合，由小的原子变成稠密的，即 x。植物的生命，养料吸收也是灌进微粒，在吸收与排泄中间也有 x。我们只知道营养，人要吃东西，植物叫加养料，只知道 A，B 而不知道中间的 x。正如只知道链子而不知道 x，就不是基本的因果，这是第一个征兆。

第二个征兆，前件很复杂，后件根据复杂的因产生多因多果。在观察范围内，也不是根本的因果关系。例如，一个东西其组成部分是同一性质，其重量是那个东西微粒的总和，这情况天文学家归纳其成为引力，在同样的距离情况下，其根本的密度引力，还要与地球的引力发生关系，但这是次要的。另一例是下雨后气压减少，这情况下前件是复杂的，里面的成分不是同样的。这里都是讲次一层规律的问题。

总的来说，一个规律怎么知道它不是根本规律？

（1）A，B 之间是否存在 x。（2）前件后件都复杂，出现两种情况：前后件复杂，但因果一样；前后件复杂，而因果不一样。如果存在（1）和（2）两种情况，就都不是基本规律。

第七节

经验规律不知道是不是可还原为根本规律，其中一个是我们知道的，另一个是际会，这样的规律其可靠性不如简单的因果规律，也可说这是契合法得到的结果。

第十六讲[①]

第一节

穆勒根据契合法得到近乎规律的东西——经验规律。有什么办法使它成为更可靠的规律，这不只说把它发展成因果规律。契合法得到的是否就是经验规律，尚成问题。要使它变得可靠些成为规律，有些什么办法？契合法的缺点是不能帮我们找出因果，只能找 A，B 的前后关系。复杂因提出来，常和它连接的，是否是因果，是否还是偶然，我们都不知道。好像重复次数多，就加强了。究竟什么样的例子我们加强，这仍是问题。这问题可用另外的方法表示，用什么例子可得出结果？用大小写 A 和 a 表示它的关系不是偶然的。这就提出偶然的问题。

第二节

偶然同规律是对立的。凡不能认为有规律的，就是偶然。可是这些事情是一定的，都是某些因的果，可以由因推果。我们抽出一张牌，它是由一堆牌里的地位决定的，一堆牌又由洗

---

① 本讲解读穆勒《逻辑体系》部丙篇十七《偶然性及其消除》。

牌决定，洗牌又由上局牌确定。这样没有一件事是没有因果的，也是必然的。

一个事情是偶然的，可以这样形容，没有什么理由，可以由一个事情发生去推论。细细考察这个蕴含，我们能够提出的枚举情况不是完全的。不管什么样的事实只要它一发生，就可以相信。如果同样的情况重复发生的话，那个事实也可以重复出现。当然，并不是所有的情况都会一样发生，只要其中有某部分发生，它由不变的方面产生，这就是讲在因果关系中有单因单果之类的东西。但是有大部分的事情，它们和其他事情不是常住的关系，它们与另外一些事情不常住的联系，我们就叫它为偶然所产生的关系。事实都各有自己的因，但不同的因在一起，并不按照规律。

任何一个现象是偶然产生的，这话是不对的。但如果说两件事情联系在一起，其并著、相承是偶然的，并著没有什么因果关系。每事有因，际会无因，这想法本身有问题，这又回到牛顿最初因是上帝。

如果两件事情产生，但是只发生一次，这就无法分别它是规律的结果，还是偶然的结果。如发生不止一次，就说是因果关系，这是无法决定的。两件事发生尽管重复多次，但并不意味它是规律。偶然的结合是可以重复的，只要这两现象不消灭，或不中止它的重复产生。

如果两个事件一起发生，不能从已知规律推出，也不能用试验证明这两件事有因果关系，这两件事结合的频率本身，就是我们推论到它是一个规律的根据，当然不一定是它绝对的频率。问题是这件事在一起发生常常有呢还是不常有？比偶然现象多的情况，还是比偶然现象少的情况，发生的频率有些什么东西可解释，频率是否比偶然多一些。这我没有一个普遍的答复，只有一个原则看频率的性质，具体问题具体决定。

假如一个现象是 A 永远存在，另一个现象 B 有时出现，这假设下 A，B 连在一起，但两者的联系是偶然的。恒星一直存在，考虑的现象与恒星同时在一道，但这种并著并非因果，恒星的规律性频率虽大，但得不出和考虑的现象在一道并著的规律。我们研究下雨和风的关系，下雨常和不同方向的风结合而形成，这个下雨可能与某一特别的风有因果关系，那么怎么知道有因果关系呢？两种事情之间可能有共同的因素，共同的因素是存在的，看下雨常与某方向的风结合，可能这个频率就多一些。如果在英国下雨，西风比其他诸方向的风多一倍，这得不到什么结论。但如果西风比东风下雨多一倍，这就有了问题，为何会使下雨与西风同时产生，假如下雨只是多少与西风有关系，就有一个相反的起作用因素要考虑。

最大的频率如与行星是并著，但不是因果。第二例并著频率小，甚至相反，但有因果规律，两个例子中原则还是一样。我们考虑的是积极的频率，并著本身能带来多么大的频率。

现象并著的频率，只能在具体空间时间之内发现它多少，频率在自然界方面是靠数量质量的多少，我们并不知道其规律性，这并不妨碍我们去探讨。

这好像说投骰子完全按可能计算是 1/6，如超过这数则有原因。如转铜板①，字和背出现的可能应各占一半，如某一面大大超过一半，则有其原因要进一步研究。

_____

① 铜板指铜质无孔辅币。

第十七讲①

第一节

穆勒引用拉普拉斯对概然的说法，拉普拉斯写了宇宙机械力学。拿破仑找他去说是否你忘了上帝。拉普拉斯说，我用不着这假说。

概率与愚昧也与知识联系在一起，我们知道要有一件事发生，总有结果，但不知道好坏，有不同的可能。在没有知识的情况下，我们如何处理，有一个可能是比较同其他可能的比例，如骰子是 1 : 6。

穆勒说拉普拉斯的上述说法不够，还要有经验，经验过这几个可能是相等才行；如果没有经验到，拉普拉斯说的就不够。在以后的版本，穆勒同意了拉普拉斯的说法。因为概率是针对个人主观的知识说，没有经验也行。

穆勒说每一件事情本身或者不知道，或者已发生都可预测概率。就客观方面说，没有概率，对明天的事情客观上已决定的，没有概率的问题。

---

① 本讲解读穆勒《逻辑体系》部丙篇十八《概率的演算》。

第二节

假如从箱子里拿球，有黑有白，我们没有理由盼望拿出来的球是白的（黑的），只把可能相等起来，好像知道白的和黑的数目一样（而事实上可能白球 99，黑球只有 1），但我们仍只知道是 1/2。如果球有三个颜色，但不知三者的比例，我们只能当作它们数目相等，但是否能和人打赌一定抓出白的，绝对不能，因为，三色相等仅挑白的，概率就小，理论上说是不行的。这也是赞成拉普拉斯的话。概率是就主观方面说的。

第三节

我们不能满足于无知的情况，如的确知道白球颜色多，那么我们的计算和从前就很不一样了。增加知识比改进概然率的演算要重要得多。

这种对概率的计算，根据就是归纳，概率成立，必然是正确的归纳。

一个事件可靠的程度，靠以前的频率知道，但不如从已有的因果的知识推出来的可靠，如同契合法，知识到一定程度就发生。

假如 M 是受影响的结论，A，B 代替两个不同因，都可产生 M。问题要去发现和计算，M 由一个因产生比较哪个可能性大，M 的发生就靠这两个东西彼此相乘，有三种情况：

1. 让 A，B 产生 M 各为 50% 的可能，但 A 自己的存在比 B 大一倍，这种情况下 A 产生 M 比 B 产生 M 要大一倍。

2. 如 A，B 产生是一样，但产生 M 不一样，这种情况造成 A 二次产生 M 一次，B 三次产生 M 一次。

3. A，B 产生情况不一样，A 发生二次，B 发生一次，A 四次中二次产生 M，B 四次中产生 M 三次。求这二比例的乘积。

穆勒主要在概率场合讲因果律。概率是对偶然讲，从偶然找必然，但概率仍不是必然的。

第十八讲①

　　穆勒讲类比，类比是带有归纳性质的推论，但是不完全的归纳。威得理把类比限制在关系的相似，好像一个国家形成许多殖民地，殖民地把形成的国家（宗主国）当成祖国，如祖国要殖民地服从产生爱国的情感，像子女对父母一样，这种要求的根据就是类比。如果一个民族最好由选出的议会组织它的政权，一个企业由选出的董事会管理企业的事务，一个国家也把议会与企业董事会相比，把股东与选民相比，这是根据关系的相似。同别的推论比较，这办法可以是什么都不像，但可以是很好的归纳。相似可能是重要情况，别的属性都是从相似的属性产生。这种假设下，类比可能是有用的，如相似关系差，类比就不是好的。这与普通教科书说得差不多。

　　一般类比并不限于关系相似，类比方式主要是某种情况相似，对其中一个是真，这命题对另一个也是真的。既然一个命题对相似之一是真的，则对相似的另一个也是真的。单就这点说，并不能与归纳区分，因为，从经验出发的任何推论都符合这个。无论归纳也好，类比也好，A 和 B 相似，那么和其他各点也相似。归纳的不同点是相似的性质在以前例子中间，在已经发现的例子中，彼此是没有例外的联系的，归纳也这样来的，这就是概括。类比不是根据以前从不分开来的联系，归纳

_____

在经验中有一般的东西在内，类比没有这个。

在类比上，契合、差异都不能运用，一件事实 M 对 A 是事实，大概对 B 也是事实。如果 A 与 B 在某些点上相似，类比推理 A 与 B 有性质相似处，就 M 说不知道这些相似地方与 M 有无联系。成为类比推论并不是要知道它没有联系，而是可以知道它有什么联系。

如 M 与 A，B 没有联系，这类比就不能成立，但我们不知道有什么联系，我们不能指出 A 有什么性质是 M 的因或果。但假设 A 靠 M 的某些性质，这种情况下有类比的可能。毫无疑问，每种相似就有概率。如 A，B 某些相似，A 有 M 大概 B 也有 M。如相似是根本属性，就有相似的次要属性撰德①。如相似本身就是推出的，就有盼望其有相似之点。不论相似如何，总可想到另外的也是相似的。例如，考虑月亮上有无人，从地球上有人比较，地球上有海有空气等等，这些虽不是当根本性质看，而是当撰德看，是当作联系其他的属性看。月亮有相似，是固体不透明的圆球实体，看起来像有火山，活的火山，从太阳吸收热和光，自转遵守万有引力，等等，有一定的物体构成。如果对月亮所有的知识多了，月亮上有人的可能性比另一种可能性大一点。A，B 相似对性质 M 说，可能有增加 M 的可能，相反，有些性质不相似，就减少 A，B 有 M 性质的可能。

类比如相似点很多，亦发现不同点，又对整个研究对象有研究，这情况下得到的类比结论可靠，差不多和正确的归纳一样。知识增加尤其是即令已有的结果属边缘的类比，因为很多

---

① 撰德（proprium），今译固有性。

情况相似，这样的类比概率很高，科学价值也很大。

对产生假说方面用处很大，光的微粒和波动争论都可看作假说，不能丢掉。穆勒关于类比有时作为归纳，有时又觉得靠不住。

第十九讲①

第一节

普遍因果律是说任何事情总有因总有果。因果有几个方面（时间、并著、地点……），而从时间相继考虑，是否任何事情都有因果，这究竟是规律还是假说？既然我们没有接触到所有事物，普遍因果是什么，存在否？我们事实上都在用，当然并不是所有规律都是因果规律，也不是断言就没有因果关系。因产生果，阿根廷一教授说的所有一切都有规律，所有东西都有因果。这是归纳出来的还是假说呢？二者显示的力量不一样，这与归纳裹在一起。归纳时是假说归纳的原则，同时每一次用归纳又证明归纳原则，这似乎是绕圈子。

穆勒讲归纳主要讲因果，不是际会，因果主要讲时间相承。我们把规律、自然齐一讨论完了，上述东西都靠因果律。这样看上述归纳方法，假设每件事情都有前因后果，契合法如此，差异法也如此，A和相似的情况B的关系等等。另外一个例子，没有A，没有B，其他情况一样。这证明什么呢，B产生不能有别的因，只能有A。这样的想法，仍是需要一个假设，即B一定有因，如B无因，并不能证明A是它的因，即

---

① 本讲解读穆勒《逻辑体系》部丙篇二十一《普遍因果律的证据》。

以因果关系为前提，这假设对不对呢？

毫无疑问，所有现象有因有果，但在许多复杂的归纳过程中，因果的相继不是那么清楚，而在这种情况下，我们仍假设它，这有没有一个循环。如果是绕圈子的确不行，如有证据，在什么地方？有些哲学家说因果关系是普遍关系，是不能不相信的真理、本能，要证明这个，每类事物都要相信有因果律也就是要证明的一个。可能不能用逻辑推翻或用逻辑证明，但比逻辑高一层的规律，在人的心灵就存在着，等于说是先验的，本书不加讨论。但有一事必须指出，相信是一事，证实证明是另一件事。好些事中，这相信，那就不相信。讲证据情况就不同，证据不只产生信念的东西，产生信念有很多方法，如联想有时就相信，一下摆脱不了。证据就非相信不可，相信它才与事实符合。不只思想方面相信，而且从判断、经验、感觉方面找证据，接受事实。当一个信念本身如何强烈，是否与事实符合，符合事实就相信。穆勒说有好些信念当时不可避免，过一些时间就放弃了。这段反对先验论有积极意义。

整个世界改变，齐一改变了，人的信念也就改变了。我们用不着推敲，并不是所有的事物按规律产生，亚里士多德也承认偶然，事件突然产生，人们很早以前并不认为任何事情都有因果，现在的哲学家还认为意志是无因果的，任何事有因就不行了。这一段把假说反驳了。

第二节

普遍因果律是由具体的因果得到，由局部的因果关系归纳出普遍因果律，这比具体的因果还可靠。当然归纳从简单枚举得出，因果也从之得出，这不是从严格的归纳得出普遍的规律，而是从简单枚举得来的，以后又说靠得住的归纳基础还是简单枚举，这是不是一致呢？这不一致是表面的。如简单枚举靠不住，这样复杂一点的归纳就有问题。如眼睛靠不住，显微镜也靠不住。如果说简单枚举是正确的过程，但有时也是会失败的。如果能改进方法，比简单枚举更精确，科学就有进展了。简单枚举虽不可靠，但可设法使其可靠，帮助它可靠。眼睛靠不住，用显微镜帮助，就可以前进了。枚举虽不可靠，但不怀疑食物有营养，水可以淹人…等等。可靠性有不同的程度，问题是根据具体情况，使可靠性加强，把一个枚举从不可靠一步步上升为可靠的，这就是归纳逻辑。

第三节

　　愈到具体，个别愈不可靠，愈到概括广，例子多的愈成为可靠，确实到普遍了，可靠性就很大了。实在的意思是对个别通过枚举得结论不扎实，但由这归纳到那归纳，证实一个普遍东西，普遍就可靠得住了。任何事物都有前因后果。普遍愈独立于个别，就愈靠得住。从归纳得出的规律，与归纳普遍性是一样大，叫它经验规律或自然规律都是一样。

　　因果律是最普遍的。不只在人类幼年时代，进入今天社会，我们充分相信因果律愈来愈靠得住，知识愈广，也看出愈靠得住；运用它时也得到帮助，我们的研究也更说明它，互相促进，归纳是从事实来，事实愈广证据愈多，也变成归纳有力的工具。

第四节

用归纳的过程解释因果律，而普遍因果律又从归纳来，两者好像是二律背反。把理性过程用归纳的看法解释，有这问题产生，但用新的观点看，就会没有这看法。

前提并不是结论的证明，前提与结论一起得到证明，如所有的人都要死，并不证明某某人也要死。对人死的经验使人推出两个东西，一个是前提，另一个是具体的事实。以往的经验与当前的前提都供给了理由，某某人死不从所有人死得出，而从经验证明人要死，故某某人也要死，对于因果经验既证明普遍，也证明特殊。这样就没有刚才说的循环，归纳一直在加强普遍因果规律，也一直帮助说明具体的特殊。

普遍因果律还是只能在我们知识范围内，范围大了，实验就困难了。

本节赞成普遍因果律是假说。它从归纳来，不绕圈子不是假说，后又证明有绕圈子，这些是矛盾的想法。总之，普遍因果律一方面从归纳出发愈来愈加强，另一方面又是假说。普遍因果律是归纳得来的，归纳因为有它，也愈来愈被强调。

第二十讲①

上面讲了存在、并著、相似、因果、次序，等等。以前讲因果，事实上都是时间次序。原来讲的五个方面现在撇开，并著很可能从空间着想。休谟讲因果还讲空间，穆勒只讲时间的并著。两个人是不一样的。

第一节

存在问题是一个玄学问题，独立于我们的事物是逻辑方面的，逻辑方面只是现象方面，归纳是现象方面的。如果中国的皇帝存在，则可以看见，这是现象论的看法。存在问题是一个知觉问题（逻辑学问题），或者能由现在的知觉感觉根据推出来，这仍是现象方面的。因此，存在就逻辑说是归纳。存在是简单的东西，不必重复，一个例子就可得一概括，如鬼、独角兽，等等，看到一例就可说这东西存在，只要条件满足，就可推论同样东西存在。存在问题归纳逻辑是没有问题的。

存在其实是很重要的问题。存在在逻辑上是大问题，表达存在的是否是一个谓词。这苹果是红的，红是谓词，苹果是存在的是否是谓词。主词存在问题，对存在采取的态度，传统逻辑方面影响了整个演绎推论。穆勒说只一个例子就可以概括，

---

① 本讲解读穆勒《逻辑体系》部丙篇二十四《其他自然规律》。

一类不以分子多少成为其类，一个分子存在，类就存在。许多谓词可以下定义，如红是黄与绿间的颜色，红是颜色有黄绿的成分，并未肯定红的存在，假如肯定在定义里就有存在，任何定义就包括存在。"上帝是完美的，所以它是存在的。"因为完美，就承认上帝存在了。

长春出两辆红色汽车，确实是两个存在，如果存在是性质，就有两个不同性质的汽车，这违反常识。如果存在不是性质，两个就一样，是一个存在就没有区别了。

相似是最广泛的关系，根据相似可以归纳许多关系。相似可以用仪器作第三者的比较，如尺、斤，特别注意的用相似作归纳得出结论。有些东西对观念可直接比较，有些不行。这是穆勒认为数学与别的不同之处，无法比较伦敦与北京的观念。但四方形与四边形可与观念比，是自明的。对数学理解，穆勒属经验派。算学的东西直接经验可以抓住，另外的东西是不容易抓住。如空间方面的位置、次序，原始的并著（从空间方面说际会）点、线、面，还有地质方面的并著，等等。

穆勒的数学定义涉及存在，归纳来源还是简单枚举，算学方面的东西直接可从后现象得到。

算学方面可以从极少数公理推出那么多定理，主要点还是相似，把数学推理的丰富性，相等加相等其和相等，与一个东西相等，彼此相等，归之相似。

穆勒把数学看作是归纳出来的，并运用枚举法，这与以后的数学家不同。

第六节

几何从公理推定理，其所以能如此，是所有位置和形状都可理解为大小的问题，$6 = 18 - 12$，$4 = 8 - 4$……可以有无穷的式子，而规则仍是一样，是相等的重复运用。数学主要是相似的推广，相似推广到数学方面，主要是等量加等量其和相等，与他物相等，彼此相等……而来。

附录一：

《穆勒名学》札记

穆勒评传

约翰·斯图亚特·穆勒（John Stuart Mill）是 19 世纪英国的资产阶级哲学家、逻辑学家、经济学家和政治思想家。

穆勒生活在工业革命后资产阶级已经取得了统治的英国。他为了巩固资本主义制度，怀着对社会改革和政治改良的理想，进行他的全部政治和学术活动。在历史上，穆勒算不上一个很有创见的思想家，但却是一个极有影响的人物。至今在英国伦敦泰晤士河畔耸立着穆勒的青铜雕像，在英国国家美术馆中悬挂着复制的乔·弗·瓦茨（G. F. Watts）画的穆勒肖像，就说明这一点。

穆勒在政治思想上紧随杰雷米·边沁（Bentham Jeremy），是一个功利主义和自由主义的信徒，这个理论是直接为资本主义、殖民主义服务的；在哲学上他接受了贝克莱和休谟的唯心主义经验论传统，也兼有康德不可知论的特点；在逻辑上则继承了弗·培根所倡导的归纳法，经过他的加工整理、总结提高，建立了科学的实验方法，这是穆勒的一个重要贡献。由于穆勒夸大归纳的作用，所以又是全归纳派的一个代表。

20 世纪初，我国向西方寻找真理的资产阶级先进代表严复，翻译了穆勒的一些著作，其中包括穆勒的《逻辑体系》，名为《穆勒名学》，从而穆勒的哲学和逻辑思想就被介绍到中国，为中国人民所熟悉。今天我们用马克思主义的立场、观点和方法，给予深入的分析，科学的评价，乃是非常必要的。

一、穆勒的生平及其思想的形成

穆勒于 1806 年 5 月 20 日出生在伦敦的彭汤维尔（Pentonville）。穆勒的祖父原是昂哥斯（Ongus）北水桥乡（North water bridge）的一个小商人。穆勒的父亲詹姆士·穆勒在童年时因初露才华，意外地受到苏格兰财政部约翰·斯图亚特男爵（Sir John Stuart）的器重，得到一笔苏格兰教会奖学金，使他进入了爱丁堡大学读书。毕业后，詹姆士·穆勒因为没有坚定的宗教信仰，不愿做传教士，只是在苏格兰任各种家庭教师。不久，詹姆士·穆勒迁居伦敦，以后又在东印度公司（India House）任职。詹姆士·穆勒是英国资产阶级经济学家和休谟派哲学家，享有一定的社会声誉。

穆勒是詹姆士·穆勒的长子。詹姆士·穆勒完全依照自己的理想，对幼年的穆勒灌输各种最高的知识。据说穆勒在 3 岁左右，就学习希腊文。8 岁时学习拉丁文。穆勒从小酷爱历史和文学，读过希腊历史学家希罗多德的著作、讽刺作家罗西安的作品，对沃森（Waston）所著《菲力普二世和三世》、胡克的《罗马史》、《亚森海程记》（Anson's Voyage）、《鲁滨孙飘流记》、希腊诗《伊利亚特》等都曾兴趣盎然，百读不厌。无疑，这些作品丰富了穆勒的知识，又激起了他童年的无限遐想，也曾一度引起穆勒赋诗著史的志趣。他在自传中说，11—12 岁，整天忙着写那本自命为重要的作品——《罗马》政治史，那是以李维（Livy）与狄奥尼西奥斯（Dionysius）为蓝本，参照胡克的说法而写成的。又说，当他第一次读蒲伯（Pope）的荷马译文时，他的雄心勃发，想写一本同样的东西，至于写韵文，却是他要蛮干的工作。

穆勒的时代，自然科学日新月异，有了很大的进步。他读了乔埃斯（Joyce）的科学从谈和汤姆逊博士的化学论文，感到自然界的奇妙和神秘，说这使他得到了最大的快乐。遗憾的是，穆勒读的是理论，虽然增加了自然科学的一些知识，但是没有进行实验，使他在以后缺乏动手的能力，因而穆勒时常悔恨自己不曾受过这种训练。

詹姆士·穆勒对穆勒的教育，不仅亲自规划，精心传授，还时常利用晚饭后散步的时间，向穆勒提出各种各样的问题，然后一起展开讨论。这样，穆勒从小就不可避免地接受了他父亲的许多思想影响。当然，也比别人获得了更多的知识。穆勒自己承认，在他父亲所给的初期教育中，他一开始就比同时代的人们多占了 25 年的便宜。这虽然有点夸大，但也说明穆勒从小受到的教育是得天独厚的。另一方面也可以看出，穆勒在他父亲的定向教育之下，发展成长不是很自然的，正像 18 世纪花园里修剪过的树木一样。

穆勒大约在十五六岁时，他父亲要他读爱·杜蒙（Dumont）的《立法论》，这是一本阐述杰雷米·边沁主要思想的著作，对穆勒的思想影响极大。穆勒在他父亲的教育下，可以说早已走上边沁主义的途径。读了这本书以后，这时在穆勒看来，功利主义已是他的一种信条，一种哲理和一种至善的宗教。穆勒把接受功利主义看作他生命史上出现的一个新纪元。正因为这样，1823 年，杰雷米·边沁创办《威斯敏斯特评论》以传播功利主义，鼓吹社会改革运动时，穆勒是投稿最多的人之一，他一下成了功利主义的积极宣传者。穆勒还组织了一个功利学社（Vtilitarian Society），确认功利主义是他们的道德标准和政治准则。这个学社每两星期集会一次，依照规定的章程宣读论文，社员人数虽然不多，而且只存在了三四年，但已充分说明穆勒醉心于功利主义，不仅是功利主义的宣传者，还是功利主义学社的组织者。

穆勒也受到自由主义的影响。1820年5月到1821年7月，杰雷米·边沁的弟弟塞缪尔·边沁爵士请穆勒去法兰西南部作客，在那里穆勒学到一点法文和法国文学，还学习了化学、动物学、高等数学和科学哲学。并且和塞缪尔·边沁等一起游览了比利牛斯山（Pyrenees），一度攀登过皮哥儿的米底高峰（Pic du Midi de Bigorre），从此引起他游览风景的爱好。在法兰西生活的一年中，穆勒呼吸到大陆生活中一种自由主义空气，引起了穆勒的一种浓厚的政治兴趣。在以后的一两年，穆勒又读了法兰西革命史，使他深感长期以来，在欧洲各地显然是没有希望的东西——"德谟克拉西"，却于30年前在法兰西产生了，并且已经成为他们整个民族的精神。对法国人推翻路易十四和路易十五的独裁统治，穆勒倾注了他的全部感情。这种感情和穆勒青年时期所怀抱的理想结合起来，使他渴望做一个民主自由的战士。这时穆勒的思想上感觉到最高的光荣就是：不问成败，在英国做一个法国第一次革命时代的和平共和党党员。

穆勒的父亲虽然受过苏格兰长老会宗教教育，但经过深思熟虑，他抛弃了对宗教的信仰，并且驳斥了普通所说的自然教的教义。他认为一个具有至慧至善的神能够做宇宙的创造者，是难以令人置信的，他确信万物的起源是无从知道的。詹姆士·穆勒给予穆勒的影响是：说世界怎样发生，那是完全不知道的，"谁创造我"，也无从答复，因为我们既没有这样的经验，也没有确实的证据。如果打破砂锅问到底,再推究上去,便会问"是谁创造了上帝?"显然,对这个问题作任何回答,都只能使困难更进一层。在他父亲的影响下,穆勒虽然没有公然抛开宗教信仰,但他却是一个从来没有宗教信仰的人。

穆勒在1829—1830年读了奥古斯特·孔德早年的一本著作,其中说到人类知识有三个自然联结的时期:首先是神学时期,其次是形而上学时期,最后是实验时期。封建制度和天主教制度是社会学的神学的最后阶段,耶稣新教是形而上学时期的开始,法国革命便是它的终局。至于实验时期,也就是实证主义阶段。在这个阶段只能发现现象之间和谐一致的关系,要发现事物内在的本质是不可能的,也是徒劳的。人们对现象界只能问现在怎么样,不能问它为什么这样。因此科学的任务只是限于用经验描述现象的外部关系、外部面貌,等等。这些给穆勒的思想以有力的影响。穆勒和孔德后来的个人关系并不好,甚至中断了相互通信。但是实证主义的理论对形成穆勒的经验论哲学,或者说走上实证主义道路是极为重要的。

在穆勒的幼年教育中,他父亲詹姆士·穆勒极其注重对他进行逻辑思维的训练,教育的目的不在运用思想,而在研究思想方法本身。穆勒从12岁起,就学习逻辑学,不仅读经院派逻辑学,也读霍布斯的逻辑学、亚里士多德的逻辑著作、柏拉图的对话集。他父亲要求他对书中所说的每一部分,都要弄明白它的重要性,有什么作用,为什么是三段论,三段论的作用是什么,等等。柏拉图对话集使穆勒受益很大,使他懂得了如何使思想严谨和精密,如何使思想暧昧的人不得不以准确的语词把意义表达出来,或者迫使这些人不得不承认自己所说的话是什么意义。还要注意分析抽象名词的意义,确定抽象名词的界限和定义，对于一切普遍性的论证要经常以特殊的事例来检验。穆勒在智力的训练上还得力于分析一些不正确的论点，找出它的错误所在，这样对于正确地运用名词和命题是有帮助的，也就不致为抽象的、含糊的和模棱两可的言辞所蒙蔽。在训练正确思维上，詹姆士·穆勒的精心教育，使穆勒成为一个思想家得到了很大的好处。穆勒深信近代教育中逻辑这门科学是最容易训练人成为一个正确的思想者。他后来终于走上研究逻辑的道路，绝不是偶然的。

穆勒结束了幼年教育，又经过了少年时代、青年时代的奋发努力，于1823年经过父亲的介绍，进入东印度公司工作，前后共35年之久。穆勒在1866年曾任英国国会下院议员，1868年因选举失败，脱离国会，退居阿维尼翁（Avignon），于1873年5月8日去世。

穆勒从19世纪40年代开始从事学术著作，在哲学和逻辑方面主要有：

（1）《逻辑体系》（1843年）；

（2）《威廉·哈密尔顿爵士的哲学研究》（1865年）；

（3）《奥古斯特·孔德和实证主义》（1865年）；

（4）《关于宗教的三篇论文》（1874年）。

二、穆勒的哲学思想

在英国，唯心主义经验论有着相当深刻的社会根源，穆勒的哲学思想不可避免地受到了影响。穆勒在年轻时，正如他自己所说，特别爱读贝克莱和休谟的论文，加上他父亲有意识地引导，这就使穆勒基本上接受了他的先辈们的思想传统，继承了贝克莱和休谟的哲学路线。

从贝克莱—休谟以至穆勒，他们在哲学上都是只相信主观经验。贝克莱说，只有感觉经验是唯一真实的存在，存在也就是被感知，外部世界不过是感觉的复合。休谟虽然没有停留在感觉经验上，但认为认识的来源问题，是人类理性所不能解释的，从而他采取了怀疑主义的立场。穆勒和贝克莱、休谟一样，唯心主义地解释感觉经验。穆勒断言人们只能认识现象，认识现象就是认识人们自己的感觉经验。因此，他认为除了感觉的真实性之外，在我们的经验中找不到，也不可能找到其他任何真实性。

对哲学上的基本问题，如物质和精神、"自我"和"非我"、外在世界和认识的主体，穆勒认为这两方面我们都是一无所知的。他提出了两个问题：人们从哪里可以得到对外在世界的确信？又从哪里我们可以知道"自我"或认识的主体是怎样的？

穆勒说，对外在世界的确信不是先验的，我们只能依靠经验，依靠以记忆、期待和联想为基础的心理规律。穆勒为了说明这一点，他举例说，我看见桌子上放着一张白纸，然后我闭上眼睛或者走到另外的房间，虽然看不见这张白纸，但是我们记得它，而且我们相信在条件不变的情况下，我仍然可以期待或者有理由看到那张桌子上的一张白纸。因此这张白纸就和人们的记忆、期待和联想分不开，也就是人们在经过某种感觉以后，能够依照感觉上曾经出现的序列，重新再现。这张白纸的存在就是感觉的恒久可能性，也只有感觉的恒久可能性才是真实的。在相反的情况下，如果我们的感觉倏忽即逝，这种感觉虽然也能引起记忆、期待和联想，但它是短暂的、偶然的，它不是感觉的恒久可能性，也就不是真实的。穆勒说，这种感觉的恒久可能性既不是天赋的，也不是先验的，而是产生于经验的，是后天获得的信念，是观念联想的结果。穆勒在这里并不是试图证明事物独立存在于人们的意识之外，而是说明我们经验到的事物，无非是观念的前后相续，"物质是感觉的恒久可能性"①。正是这些东西构成了整个外部世界的图景，穆勒说："关于这个外部世界，除了我们自己所经验的感觉之外，我们毫无所知，也绝不可能获得任何知识。"②

外部世界是否依赖于人们的感觉经验而存在，这是原则问题。仍以一张白纸来说，是我们感觉到了，它才存在，还是不管是否感觉到它，它总是独立于我们感觉之外，不以我们的感觉为转移的客观事物，这是区别唯物主义和唯心主义的分界线。辩证唯物主义认为，物质是客观存在，是不以人们的感觉意志为转移的。穆勒把客观世界的存在看作是感觉恒久可能性，一张白纸的存在是因为我们恒久地感觉到了它，没有恒久地感觉它，就不能说它存在。这就是把客观事物的存在建立在感觉的基础上，是感觉决定事物的存在，不是事物的存在产生感觉。这是感觉第一性，不是物质第一性，所以是道地的主观唯心主义。

穆勒所说的物质是感觉的恒久可能性，和巴克莱所说的存在就是被感知，休谟所说的存在不是别的，只是心中的一些知觉，等等，完全是一样的，不同的只有名词术语的花样翻新而

---

① 转引自列宁《唯物主义和经验批判主义》，第 137 页。
② 参见穆勒《逻辑体系》第 1 卷第 3 章第 7 节（英文本），伦敦汉森公司 1911 年版。

已。正如列宁所说，这"是精神上贫乏的表现"。

　　如果要说他们之间还有不同，那就是巴克莱认为感觉是唯一的存在，休谟怀疑感觉之外的存在，而在穆勒的哲学中除了外部世界是感觉的恒久可能性之外，还肯定存在一个不可知的康德式的自在之物。这就是穆勒认为在现象界之外，有一个不可知的本体界。他说的现象界是感觉的恒久可能性，本体界则是引起感觉经验的原因。它"不仅不依靠我的意志而存在，而且独立自存于我的身体器官以及我的心灵的外面"。① 这个作为外在原因的事物——本体界是不可知的。因为引起感觉的原因并不因此就和它的结果相同。我们可以听见炮弹的爆炸声，也可以看见炮弹爆炸的碎片，但是引起这些结果的原因，如撞击雷管使火药燃烧等并不和上述结果相同。因此，人们知道了感觉的结果，并不能知道引起感觉的原因。穆勒说现象界和本体界是不同的，正如原因和结果之不相同一样。他强调说，凛冽的北风与寒冷的感觉绝不能认为相似，而热和蒸汽也是完全不同的东西。穆勒反问道，为什么本体界一定要跟我们的感觉相似呢？为什么水和火最深刻的本性，要与它们在我们感觉器官上产生的印象相一致呢？穆勒认为能够感觉到的经验与引起感觉经验的原因是不同的，感觉经验是我们能够知道的，而引起感觉经验的原因是无法知道的。② 这样就在穆勒哲学中出现了一个康德式的自在之物。

　　既然我们的认识不能超过感觉，又怎么能知道在感觉的系

---

　　① 参见穆勒《逻辑体系》第 1 卷第 3 章第 7 节（英文本），伦敦汉森公司1911 年版。

　　② 同上。

列之外还存在着一个本体界——自在之物呢？穆勒哲学中的自在之物是如何可能的呢？穆勒一方面肯定认识不能超过感觉，另一方面又肯定在感觉之外有一个自在之物，这是一个矛盾，表现了穆勒哲学上在唯物主义和唯心主义之间的某种动摇，也表现了他企图对唯物主义和唯心主义的对立，作某种折中和调和。

穆勒的第二个问题是：我们又从哪里知道"自我"或认识的主体是怎样的？他说我们只能知道一连串的感觉，至于感觉后面的心灵，也和自在之物一样是不可知的。穆勒说："我们对于一个心灵的概念，也只知道它是这些感觉的一个不可知的接受者，或者说是知觉者，它虽然可以知觉到这些感觉，也可以觉察到我们其他一切感知，但是正象我们把物质或外部世界理解为引起心灵知觉的某种神秘的东西一样，我们也把心灵理解为能够发生感知和进行思维的某种不可思议的东西。"①因此穆勒说，本体界是引起感觉的原因，但我们并不能知道这个本体界，同样，心灵是知觉、感知、思想、情绪、意志等的主体，但我们并不能知道心灵这个主体的本性。可见，穆勒在心灵怎样活动，怎样认识感觉的系列，怎样解释期待和感觉的再现上，同样又陷入了康德式的不可知论。

穆勒的唯心主义经验论割裂了现象界和本体界、感觉和思维的联系，深深地陷入了两者绝对的对立之中。穆勒认为人们只能认识现象界。在现象界之外的本体界是不可知的。他和休谟、康德一样，把"现象"和显现者、感觉和被感觉者、为

---

① 参见穆勒《逻辑体系》第 1 卷第 3 章第 8 节（英文本），伦敦汉森公司 1911 年版。

我之物和"自在之物"根本分开。事实上,现象和本体是对立的统一,两者既有联系又有区别。现象是本体的现象,本体总是由现象来表现的。人们可以透过现象来认识本体。世界上只有至今还没有被认识的东西,没有不可能认识的自在之物。关于这一点,恩格斯曾指出:"对这些以及其他一切哲学上的怪论的最令人信服的驳斥是实践,即实践和工业。既然我们自己能够制造出某一自然过程,使它按照它的条件产生出来,并使它为我们的目的服务,从而证明我们对这一过程的理解是正确的,那末康德的不可捉摸的'自在之物'就完结了。"①

穆勒认为我们只能知道感觉,对于感觉后面的心灵,是不可知的。这一点现代科学已从各个方面深入研究了人脑的内部物质结构以及它的特点,进一步证实了人脑是思想的器官,离开了人脑就没有意识。人脑并不是不可知的自在之物。事实上由外界因素作用于人的感觉器官而引起的各种刺激,沿着神经纤维传达到大脑皮层,大脑皮层上有不同职能的区域,在这个基础上形成复杂的意识过程。整个大脑就是进行复杂的意识活动的中枢。人脑不是什么神秘的东西,而是由 100 亿神经元组成的十分复杂的神经网络。最简单的分析、综合和调节行为的职能是由中枢神经系统的低级部分执行,最复杂的职能则由大脑皮层来支配。随着人工智能的研究,模拟大脑的功能正在进行,进一步揭开大脑的秘密,弄清楚大脑如何工作,思维如何进行,感官和思维的关系等已是指日可待。至于穆勒提出的心灵不可知论也在不断被自然科学发展的事实所驳倒。

大家知道,哲学上两条路线的区别是:从物到感觉和思想

---

① 《马克思恩格斯选集》第 4 卷,人民出版社 1972 年版,第 221 页。

呢？还是从思想感觉到物？前者是唯物主义路线，后者是唯心主义路线。穆勒认为物质不是独立于人们意识之外的客观存在，而是依赖于人们感觉的恒久可能性。这是从感觉出发证明物质存在的唯心主义路线。穆勒企图用感觉的恒久可能性来超越唯心主义和唯物主义的对立，完全是枉费心机的。列宁说："任何狡辩、任何诡辩（我们还会遇到许许多多这样的狡辩和诡辩）都不能抹杀一个明显的无可争辩的事实：马赫关于物即感觉的复合的学说，是主观唯心主义，是贝克莱主义的简单的重复。"[1] 又说："不管我们说物质是感觉的恒久的可能性（依照穆勒），或者说物质是'要素'（感觉）的比较稳定的复合（依照马赫），我们总是停留在不可知论或休谟主义的范围之内。"[2] 可见，穆勒在哲学思想上是唯心主义经验论，属于巴克莱和休谟这个派别，并兼有不可知论的特点。

三、穆勒的逻辑思想

穆勒认为社会进步需要知识，要取得知识，必须有正确的思想方法。因此，在1843年，他出版了《逻辑体系》。这是一本逻辑学的专著，在他生前就印了8版之多，在全世界都有影响。它集中地反映了穆勒的逻辑思想。

穆勒认为逻辑是探求真理的科学，也是证明的科学。逻辑学应当研究由已知的真理达到未知的真理，从前提推得的结论要有更多的新知识。穆勒的这个逻辑思想是为他提出以归纳法

---

[1] 《列宁全集》第14卷，人民出版社1963年版，第30页。

[2] 同上书，第105页。

为中心的逻辑学体系作准备的，因为他认为只有归纳法才能符合这个要求。他给予归纳法的定义是："这种方法可以从某种个别情况或某些特殊情况下知道其为真实的东西，推论到所有相似的一切情况下也都是真实的东西。也就是从一类中个别事物为真的，得出一类中全体事物为真，或在一定时间内是真的，得出在所有时间中是真的。"①

下面介绍穆勒逻辑思想的两个方面：

（一）穆勒方法

近代自然科学的发展进入了一个新的阶段。17 世纪以弗·培根为代表的哲学家，认为经院派以演绎三段论为中心的逻辑学陷于形式的窠臼，与事实的研究漠不相关，无助于科学的发明创造。在这种情况下，弗·培根著《新工具》倡导了归纳法。经过了两百多年，虽然有些科学家如约翰·赫谢尔（John Herschel），对归纳法有许多阐发，但无论是弗·培根的三表法，还是约翰·赫谢尔的归纳的九条规则，都没有能形成系统的科学归纳方法的程序。到了穆勒，他在吸收了前辈们在归纳法方面留下的成果以后，力图按照三段论来建立科学归纳法的规则，形成了实验研究的方法，并纳入了逻辑学的体系，从而确立了这个方法在逻辑科学中的地位。今天在普通逻辑课程中所讲授的判明因果联系的方法（有的称科学归纳法），基本上就是穆勒实验研究方法的内容。正因为这样，逻辑学家通常把这种方法以穆勒命名，称为"穆勒方法"。下面就是穆勒实验方法的 5 条规则。

---

① 参见穆勒《逻辑体系》第 3 卷第 2 章第 1 节（英文本），伦敦汉森公司1911 年版。

1. 求同法规则：如果被我们研究的现象，出现在两个或者更多的场合，其中只有一种共同的情况，那么所有这些场合都具有的共同之点，便是所研究现象的原因或结果。

这个方法，主要通过不同的现象，比较出它们之间的相同之点。

2. 差异法规则：假定一个场合，其中发生了我们所研究的现象；而另一个场合，其中不发生我们所研究的现象；这两个场合一切相同，只有一点不同；这一点是前者所有，而后者所没有的。这个唯一不同之点，就是那个现象的结果或原因，或是原因不可少的一部分。

这个方法的实质是，排除那些不能被排除的前项，就是现象的原因。

3. 同异并用法规则：如果两个或者更多的场合，都有某种现象发生，其中只能找到仅仅一个共同的情况；而另外两个或者更多的场合，其中没有那个现象发生，恰好找不到上述唯一共同的情况，此外就绝没有其他相似之处；那么这两组场合成为对比的唯一不同的情况，就是我们所要研究的现象的结果或原因，至少也是它的原因必不可少的一部分。

这个方法实质上是两次运用求同法，然后在两组求同法之间运用差异法，所以称为同异并用法。因为这个方法是求同法和差异法的联合运用，穆勒不把它看作一种独立的方法。

4. 剩余法规则：从某一现象减去通过先前的归纳已知其为某些前项的结果的部分，剩下来的便是其余前项的结果。

这个方法的实质也还是差异法，穆勒称它是差异法的一种特殊形式。

5. 共变法规则：凡是一种现象，无论何时只要某一个别现象发生某种特殊变化，它就随之而发生相应的变化，则前一现象便是后一现象的原因或结果，否则也必定与它有某种因果联系。

共变法是当被考察的现象在两组或两组以上的实例中不能消除，而它们之间只有量的变化时才应用的。

在穆勒对这五条规则的解释和说明中，已应用了符号，只要稍加排列，就可以得到现在逻辑教科书上所列的公式。如求同法的公式为：

A，B，C——a，b，c

A，D，E——a，d，e

所以，A 和 a 之间有因果联系。

这里，大写字母 A、B、C、D、E 表示所研究的现象，小写字母 a、b、c、d、e 表示随伴现象。根据穆勒的规则和使用的符号，同样可以列出差异法、剩余法、共变法的公式。用历史的观点看，穆勒整理、总结和建立的实验研究方法是把归纳方法作了极大推进的。

穆勒方法是在自然科学发展的基础上提出来的，它总结了科学实验所常用的一些方法，这些方法对于认识自然界，扩大科学知识的领域，帮助科学的发明和创造，是有重要作用的。比如物理学中的物体遇热膨胀的规律，就是应用共变法得来的。如当人们对于一个物体加热，在其他条件不变的情况下，物体的温度不断升高时，其体积就不断膨胀。这样便得出物体受热和物体体积膨胀有因果联系。

穆勒方法是一种科学实验方法，应用比较广泛。在实验中，我们可以使一些现象任意多次地重复出现，这就为应用求同法创造了条件。在实验中，我们又可以人为地使某一或某些现象发生，而使另一些现象不发生，也可以使某一些现象发生变化，而使另一些现象保持不变，这就使差异法的应用有了广阔的领域。其他如剩余法、共变法等也有相当多的应用。尽管在今天，自然科学的发展突飞猛进，也出现了许多新的实验手段、科学仪器和工具，但是只要哪里有观察实验，哪里就可应用到穆勒的实验方法。因此穆勒的科学实验方法至今有其不可忽视的价值。

当然，我们也应当知道，穆勒方法毕竟是比较初步的、简单的科学实验方法，有它一定的局限性。例如，癌症的病例很多，用求同法可以找出患癌症的相同之点，但是这个相同之点，并不就是癌症的原因，正因为这样，至今还不知道致癌的原因。所以我们不能夸大这些方法的作用。

另一方面，用虚无主义的态度否定穆勒方法，也是不正确的。比如有的逻辑学家说现代自然科学已提出了更高的要求，穆勒方法已不再能适应这种要求。这个论点是不能令人信服的，因为在科学实验中仍在应用这个方法，而要抛弃穆勒方法的人，至今还没有找到本质上与穆勒方法不同的"高级方法"来代替它。穆勒方法的研究是研究归纳法和科学方法论的一个良好的开端，也是归纳理论的重要组成部分。因此今天的问题不是简单的否定，而是应当结合当代自然科学的发展，在辩证唯物主义指导下，把归纳理论和科学方法的研究推进到一个新的阶段。

大家知道，穆勒在逻辑上是继承了弗·培根的归纳法思想，但是弗·培根和穆勒在哲学思想上却有重要的区别，分歧是很深刻的。对弗·培根来说，归纳法是认识现实世界，认识物质规律的方法。对穆勒来说，他的逻辑是描述感觉经验的联系，构造的是联想心理学的系统。穆勒虽然提出科学实验方法专门揭示自然界的因果联系，但是他始终没有给因果联系作出科学的解释，相反却陷于自相矛盾之中。因此穆勒方法所赖以建立的理论基础是极不稳固的。

穆勒认为因果联系只是现象之间的前后相随，而不承认因果之间客观地存在着必然性的联系。穆勒说，必然性具有无条件的意义，居先的现象出现，随后的那个现象无条件地出现，不仅现在如此，而且将来也如此。但是我们怎么知道随后发生的事情是无条件的呢？在穆勒看来，超出经验的无条件性，必然性是无法知道的。穆勒的唯心主义经验论认为人们只能凭着感官感知外在世界的硬度、颜色、形象，等等，人们的认识只能描述这些经验材料，感知现象的系列是怎样的，而不能解释和说明为什么。对于超出感觉经验的事物的内在本质、必然性等，人们是不可能知道，也是无法知道的。既然穆勒不承认因果联系的必然性和无条件性，那么作为专门揭示因果联系的科学实验方法所得到的结论，也就不能超出经验，也就不能由"已知"探求"未知"，预见未来。这个学说如果贯彻到底，就会使穆勒的归纳学说全部倒塌。因此他在说因果联系不能超出经验之外，又不得不说有一种原因可以无条件引起全部后果，以此来修补他归纳理论上的破绽。不管怎样，这个矛盾不可避免地给穆勒的科学实验方法，以及由此建立起来的归纳理论带来阴影。

（二）全归纳观点

穆勒认为除了直觉之外，一切知识都来自归纳。从个别到个别是一切推理的基本形式，它是从已知获得未知的真正推理。穆勒一方面无限夸大归纳的作用，另一方面又竭力把三段论演绎法解释为归纳法。这样就构成了穆勒在逻辑上的全归纳观点。

穆勒在抬高归纳法的同时，对三段论理论作了错误的批判和解释。大家知道，三段论在历史上一直是逻辑学的重要部分，不少逻辑学家把三段论看作是逻辑学的典范。但另一些逻辑学家对三段论的作用和价值提出了责难。弗·培根批评三段论空洞抽象没有用处。穆勒的感觉至上，否认理性思维，他的经验至上，否认科学抽象。这些集中地表现在穆勒对三段论所作的归纳解释上。

穆勒说，按照通常的说法，三段论的结论就已经包含在它的前提里面，它推不出新知识，也就不是真正的推理。因而，穆勒用全归纳观点对三段论作了批判，并给予归纳的解释。

穆勒抨击三段论首先从大前提开始。一般说来，三段论的大前提都是一个全称命题。全称命题是反映一般性的知识，或者普遍性的原理。穆勒从经验论和全归纳观点出发，认为反映一般性知识或普遍性原理的全称命题，都是从个别实例来的，因此全称命题只是个别实例机械集合的记录和缩写，不能认为变成了全称命题就有了新的意义。比如，凡人皆有死，我们从经验知道张三、李四、赵五、王六等个别人的情况，归纳出"凡人皆有死"的全称命题，穆勒认为这个命题也只是包括过去经验到的所有人，至于未经验到的和将来的人怎样，这是超出我们经验之外的，也是不在"凡人皆有死"这个全称命题的意义之内的。这点我们和穆勒是完全不同的。我们认为"凡人皆有死"这个命题，开始可以是由归纳来的，但并不止于此，因为随着自然科学的进步，知道了任何有机体都有产生、发展到死亡的过程，人也是有机体，有生必有死，这样使"凡人皆有死"这个命题有了普遍必然的性质。穆勒把一切全称命题都单纯归结为来自归纳的经验性命题，显然是错误的。

穆勒把三段论的大前提全称命题作纯归纳的解释之后，进一步把三段论也解释成为由特殊到特殊的推理，而不是一般到特殊的推理。穆勒说："凡人皆有死，威林顿是人，威林顿有死"这个三段论，其结论威林顿有死并不是从大前提凡人皆有死推出来的。而是我们看见了约翰、妥玛等人曾经活着，而现在都已经死了，从这些个别的实例推出现在活着的威林顿有死。这是这个推理推出的新的知识，这个知识并不包含在它的大前提里面。经过穆勒解释的三段论，就不再是预期理由和循环论证了。

可见，穆勒所解释的三段论推理，已不是由一般推论到特殊，而实际上完全改变了性质，变成由特殊到特殊的推理。现将穆勒的思想作如下的分析。

通常所说的三段论是：

（1）大前提：凡人皆有死

（2）小前提：威林顿是人

（3）结　论：威林顿有死

穆勒给上述三段论所作的归纳解释是：

（1）大前提：我父亲、我父亲的父亲、约翰、妥玛等及无数其他人都有死

（2）小前提：威林顿正像上面所说的这些人

（3）结　论：威林顿有死

这样，穆勒就把三段论推理解释成归纳推理，从而否定了三段论推理形式，三段论是人们常用的一种推理形式，这种形式不是主观自生的、任意创造或约定的，也不是天赋的和先验

的形式，而是人们长期在思维实践的基础上产生和形成的。正如列宁所说："人的实践经过千百万次的重复，它在人的意识中以逻辑的格固定下来。这些格正是（而且只是）由于千百万次的重复才有着先入之见的巩固性和公理的性质。"①

穆勒否定三段论，实质上也就否定了整个演绎推理，因为三段论在演绎推理中具有典型的性质，穆勒把三段论解释为归纳，也就把整个演绎法解释为归纳法，把整个演绎推理解释为归纳推理。思维中的演绎过程，一般都从普遍命题出发，逐渐通向特殊和个别。而一般的普遍命题在穆勒看来，都是个别经验的机械总合，因此从普遍原理出发，也就是从个别、特殊出发，当然这样的演绎过程也就变成了从个别到个别、特殊到特殊的归纳过程了。这样，穆勒通过对三段论演绎法的重新解释，就达到了一切推理都是归纳推理，一切知识都来自归纳的结论，从而形成了他的全归纳观点。

人们对客观事物的认识过程，一般来说，是由个别到一般，再由一般到个别，经过不断的循环往复，取得了对事物真理性的认识。归纳是从个别事实出发取得一般的结论，演绎是以一般原理作前提推出个别、特殊性的结论。两者在统一的认识过程中起着作用，它们相互对立，相互依存，既有区别又有联系。例如，门德列夫用归纳法把化学元素的属性具有重复再现的事实加以概括，从而得出了元素周期律，证实元素的性质随着它们的原子量以周期性的方式变化着。然后，门德列夫依据元素周期律进行演绎思维，他发现了原来测量的一些元素的原子量是错误的，进行了纠正，并重新安排它们在周期表中的

---

① 《列宁全集》第38卷，人民出版社1963年版，第233页。

位置。他还预言有一些元素未被人们所发现，在周期表中把相应的空白留给未发现的新元素，以后的实践完全证实了门德列夫预言的准确性。归纳和演绎在认识过程中都各有自己的特点，起着不同的作用，我们对两者绝不能有所偏废。

穆勒看到了归纳在认识中的作用，这是对的。但是他盲目抬高归纳，把演绎也解释成归纳，从而否定了归纳和演绎的相互关系，走上了归纳万能论和全归纳的观点，这是十分错误的。

事实上没有演绎也就没有归纳。归纳是在观察和实验的基础上通过整理经验材料开始的。对于经验材料的取舍是不能离开一般性的原则，如对什么对象和属性进行归纳，对什么对象和属性不进行归纳，都要有一个确定的原则，然后根据这个原则，去核对我们当前的对象和属性是否合乎这个既定的原则。这就是从既定的原则出发去认识当前的个别对象和属性，这就是演绎的过程。正因为如此，达尔文在远洋航海考察中搜集了大量关于动植物品种演变的资料。要进行归纳研究时，首先就要进行分类，分类之前要确定分类的原则，然后运用分类原则，确认当前个别的动植物属于哪一类，在这个基础上再进行概括。所以归纳是不能离开演绎的。

就每一个具体的归纳来说，也必须依据归纳公理。虽然这个公理，由于哲学思想的不同，理解各有差异，但都是不可缺少的。如果没有一定的归纳公理，人们就不能进行具体的归纳。比如说归纳推理是从个别性的前提推得普遍性的结论，在穆勒看来，这类推理所以成立，是因为在事物之间存在着自然齐一的原则，个别如此，全类也如此。这样每一个具体的归纳推理就是根据事物的自然齐一原则进行的。可以看出穆勒自己的全归纳观点也是离不开演绎支持的。

　　穆勒的全归纳思想必然要走上归纳万能论。穆勒依靠他的归纳方法探求一切真理，也以他的归纳方法进行归纳证明。但是他始终不能解决为什么有的归纳是合理的，有的归纳是不合理的。比如我们得到的归纳结论："所有的天鹅是白的"和"所有的人头都长在肩膀上"。前者是从千百万只天鹅归纳来的，但遇到了一只黑天鹅，就推翻了归纳结论；而后者我们也只是从有限的经验归纳出来的，但可以坚信不疑地认为它是正确的。穆勒深感这个问题在经验论和形而上学思想支配下是完全不可能得到解释的。但是穆勒并不因此放弃他用归纳推理进行归纳证明的思想。大家知道，归纳推理是一种或然性推理，它不能保证从真的前提出发，得到必然真的结论，因此也就不能用来作严格的科学证明，黑格尔曾经说，归纳推理本质上是一种尚成疑问的推理。恩格斯认为这个论断是非常高妙的。他又说："——按照归纳派的意见，归纳法是不会出错误的方法。但事实上它是很不中用的，甚至它的似乎是最可靠的结果，每天都被新的发现所推翻。"[①]"我们用世界上的一切归纳法都永远不能把归纳过程弄清楚。只有对这个过程的分析才能做到这一点。——归纳和演绎，正如分析和综合一样，是必然相互联系着的。不应当牺牲一个而把另一个捧到天上去，应当把每一个都用到该用的地方，而要做到这一点，就只有注意它们的相互联系、它们的相互补充。"[②] 恩格斯对全归纳派和归纳万能论者的批评完全符合穆勒的情况，也完全击中了他的错

---

①　《马克思恩格斯选集》第 3 卷，人民出版社 1972 年版，第 548 页。
②　同上。

误的逻辑思想的要害！

四、穆勒的功利主义思想及其他

穆勒作为资产阶级思想家，在维护私有财产神圣不可侵犯的前提之下，企图用边沁的功利主义和政治上的自由主义进行社会改良。

英国工业革命后，"整个发展的结果是：英国人现在分成了三派，即土地贵族、金钱贵族和工人民主派。这是英国仅有的三派，是这里惟一起作用的动力"。不久资产阶级和土地贵族建立了联合专政，巩固了资本主义统治。随着资本主义的发展，特别是英国在当时占有工业和殖民地的垄断地位，资产阶级和无产阶级的矛盾日益展开。到了19世纪30年代，英国无产阶级已作为一支独立的政治力量登上了历史舞台。

穆勒在青年时代就是边沁功利主义的追随者。后来他把功利主义叫作最大的幸福主义，既包括对幸福的追求，也包括对不幸福的避免或减轻，认为每一个人做任何事情都要看它是否具有某种功利或效用，也就是说能否达到"避苦求乐"的目的。穆勒说，功利主义就是"主张行为的是与它增进幸福的倾向为比例，行为的非与它产生不幸福的倾向为比例。幸福是指快乐与免除痛苦；不幸福是指痛苦和丧失掉快乐。"[1] 当然穆勒和边沁也有小小的不同，边沁认为快乐只有量的区别，程度的不同，而穆勒则认为快乐除了量的差别以

---

[1]　穆勒：《功利主义》，商务印书馆1957年版，第7页。

外，还有质的不同，理性的快乐要比感性的快乐有高得多的价值，精神享受要远比肉体享受为高，做一个不满足的苏格拉底比做一个满足的傻子要好。穆勒认为最大幸福主义的目的在于实现一种尽量免除痛苦，尽量多多享受质和量两方面快乐的生活。这种生活就是人类行为的目的，也是道德的标准。

穆勒和边沁所处的时代已经有所不同，如果说边沁的功利主义对当时还有某些启蒙作用，到了穆勒，他所鼓吹的功利主义则完全是为资产阶级念的一种《圣经》，用以欺骗和迷惑无产阶级而已。

毛泽东同志说："唯物主义者并不一般地反对功利主义，但是反对封建阶级的、资产阶级的、小资产阶级的功利主义，……世界上没有什么超功利主义，在阶级社会里，不是这一阶级的功利主义，就是那一阶级的功利主义。"[1] 无论是边沁的功利主义还是穆勒的功利主义，宣扬的最大幸福都是有阶级性的。在古代的奴隶和奴隶主之间，在中世纪的农奴和领主之间是谈不上追求幸福的平等权利的。被压迫阶级追求幸福的欲望常常变成统治阶级追求幸福欲望的牺牲品。在资本主义社会里资产阶级的行为是对无产阶级的剥削和压迫，获得超额的剩余价值是他们的最大幸福。而无产阶级则把革命看作最大幸福，因为他们懂得只有消灭资产阶级的生产资料私有制才能求得整个阶级的解放。可见抽象的最大幸福，超阶级的最大幸福是没有的。在阶级社会里，不了解幸福所具有的社会和阶级的内容，是不可能真正解决最大幸福的问题的。边沁和穆勒的功利

---

① 《毛泽东选集》第 3 卷，人民出版社 1953 年版，第 821 页。

主义正是这样，他们把资产阶级唯利是图的行为看作最大幸福，这对无产阶级来说，却是最大的痛苦。所以，马克思指出，边沁把现代的市侩，特别是英国的市侩说成是标准的人，是"幼稚而乏味"的，这也表明他只不过是"庸人的鼻祖"，是"19世纪资产阶级平庸理智的这个枯燥乏味的、迂腐不堪的、夸夸其谈的圣哲……"①而已。毫无疑问，穆勒在这一方面也绝不会比他的功利主义的老师得到马克思主义的更高评价的。

穆勒在政治思想上强调个人自由，认为任何人的行为，只有涉及他人的那部分才需要对社会负责，在涉及本人的那部分，他的独立性在权利上是绝对的。也就是说，除了侵犯他人的个人自由以外，每一个人享有绝对的自由。显然，抽象的自由，超阶级的自由是不存在的。资产阶级统治的英国，这种"自由"只是维护资本主义剥削的自由，以及适应这一阶级当时要求在经济上自由竞争、自由贸易而已。马克思在揭露自由贸易论者时尖锐地指出，"先生们，不要用自由这个抽象字眼来欺骗自己吧！这是谁的自由呢？这不是每个人在对待别人的关系上的自由。这是资本榨取工人最后脂膏的自由。"② 随着资本主义的发展，穆勒的"自由"理论也必然为殖民主义辩护，为资产阶级具有掠夺殖民地的自由提供论据。穆勒作为资产阶级的思想代表，曾长期在东印度公司任职。这个公司是英国对东方进行侵略的机构，它不仅侵略印度，也曾对中国进行了可耻的鸦片买卖。穆勒对于中国人民的禁烟运动是反对的，

---

① 《马克思恩格斯全集》第23卷，人民出版社1972年版，第669页。
② 《马克思恩格斯全集》第4卷，人民出版社1965年版，第457页。

他在《论自由》一书中说：也有一些干涉贸易的问题在本质上就是自由问题，像上文刚刚提到的梅恩省禁酒法，像"禁止对中国输入鸦片，……侵犯了购买者的自由。"① 这时正值英法两国在美俄的支持下，对我国进行第二次鸦片战争。马克思曾愤怒地谴责这一战争是在"荒唐的借口下"进行的"极端不义的战争"，是海盗式的侵略行为。而穆勒却为帝国主义的侵略战争辩护，他所说的"自由"也特别带有殖民主义的血腥气味。可见，随着岁月的流逝，穆勒早年所接受的法国大革命的精神，已蜕变为赤裸裸地为英国资产阶级殖民主义辩护的荒谬"理论"了！

穆勒还从纯粹的民主政治转到一种变形的民主政体上面，这就是他的代议制政治论。关于资产阶级代议制问题，穆勒认为理想的政府形式是最高统治权力最后归属于社会全体的形式。像17、18世纪资产阶级启蒙思想家一样，穆勒也主张资产阶级代议制，而且把这一制度解释为超阶级的"全民国家"。但17、18世纪启蒙思想家们拥护代议制，是用以反对封建专制，为资产阶级向封建贵族夺权进行辩护，而穆勒宣扬代议制却是为了巩固资产阶级对无产阶级的统治。即在配合统治阶级用暴力镇压工人运动的同时，用政治上自由主义的方法扩大被统治者的政治权力，实行社会改良，以麻痹劳动人民。

综上所述，穆勒生活的时代正是充满着各种矛盾的时代，革命和改良、进步和保守、资产阶级和无产阶级、宗主国和殖民地的矛盾错综复杂地交织在一起。这个特点影响了穆勒的政治思想和学术活动。马克思说："穆勒这样明白论证资本主义

① 穆勒：《论自由》，商务印书馆1959年版，第104页。

生产在它不存在的地方总是存在之后,又十分一贯地论证,资本主义生产在它存在的地方,也是不存在的。"① "他对于黑格尔的'矛盾',一切辩证法的源泉,虽然是这样生疏,但对于各种可笑的矛盾却是十分内行。"② 正是这样,穆勒时常把各种平凡的矛盾折中地拼凑在他的著作里。穆勒一方面为巩固资产阶级统治而效劳,另一方面他还不愿单纯为统治阶级辩护,要求有一点科学意义,企图把资产阶级的利益和无产阶级的要求调和起来。"因此,一种没有生气的折中主义发生了。约翰·穆勒是其中最著名的代表。"③ 马克思给予穆勒经济思想的这个评价,看来也是颇适合于他的哲学思想和逻辑思想的。

(原载《西方著名哲学家评传》第 7 卷,山东人民出版社 1985 年版,第 235—275 页。)

---

① 马克思:《资本论》第 1 卷,人民出版社 1953 年版,第 560 页。
② 同上书,第 654 页注 41。
③ 马克思:《资本论》第 1 卷第二版跋,人民出版社 1963 年版,第 17—18 页。

穆勒的逻辑思想

约翰·斯图亚特·穆勒是 19 世纪英国著名的逻辑学家，他的巨著《逻辑体系》出版于 1843 年，这本书在他生前就出了 8 版之多，德国逻辑史家亨利希·肖尔兹说，这是一本有世界性影响的书。20 世纪初，中国资产阶级的先进代表人物严复翻译了这本书的基本部分，称为《穆勒名学》。这样，穆勒的逻辑学说也就在我国得到了传播，并产生了一定的影响。

穆勒生于 1806 年，卒于 1873 年。

其父詹姆士·穆勒是一个功利主义者、休谟派哲学家，对穆勒有意识地进行了教育和培养。穆勒 3 岁时学习希腊文，8 岁时学习拉丁文，在他父亲指导下，阅读了文学、历史、哲学、逻辑等方面的名著。穆勒对知识有着广泛的兴趣，以致他后来在哲学、经济学、伦理学和政治思想等方面都有著作。其中《逻辑体系》是他花费心血最多、篇幅也是最大的一本专著，这里集中地反映了穆勒的逻辑思想。

穆勒在建立他的逻辑学体系时说："逻辑是一块中立的土地，无论哈特莱或里德的拥护者，也无论洛克或康德的拥护者，都可以在这块土地上彼此相见，握手言欢。"[1] 似乎逻辑是与哲学思想无关的，可以不受哲学思想的影响。事实不然，穆勒的归纳主义是受他的哲学思想支配的，可以说他的哲学思

---

① 转引自《近代逻辑史》，上海人民出版社 1964 年版，第 239 页。

想是逻辑思想的理论基础,而他的逻辑思想又是哲学思想的有机组成部分。他力图使逻辑和英国哲学的经验主义传统相一致,无怪乎有的哲学史家认为,穆勒对三段论的重新解释及其建立的归纳逻辑是他哲学上的认识论。

下面就穆勒关于名词和命题的理论、科学实验方法、演绎理论以及他对归纳和演绎关系的看法,分别作一些简单的介绍和评述。

一

穆勒认为,逻辑主要研究推理和证明,但他的《逻辑体系》却是从讨论名词和命题开始的。显然,不了解名词的意义,也就不能探讨命题的意义,而命题正是研究推理和证明的基础。穆勒在讨论名词和命题时,继承了历史上逻辑和语言紧密结合的传统,提出研究逻辑必须从语言分析开始。

穆勒说,经院学派在哲学上有许多缺点,但对于名词的研究、专门术语的确定,是很高明的。因此穆勒以科学的态度吸收了逻辑史上在这方面形成的有益成果,并作出了他自己的贡献。

穆勒正确指出,逻辑是思维艺术的一部分,而语言是思维的工具。语言不完善,使用的方式有了缺陷,就会造成思维的混乱。人们不知道语言文字的意义,也就不知道对它的正确应用,更无法研究思维的论证方法。这正如学习天文的人,不先学会调整观察仪器,而希望观察清楚,同样是不可能的。

穆勒不同意霍布斯认为一个名字就是一个观念的符号。他区分了名字的所指和含义。穆勒说,名字都是事物的名字,不是观念的名字，我们用"太阳"一词来称呼太阳这个事物，而绝不是称呼存在于人们头脑中的太阳的观念。当然，一个名字也可以指称名字自己，如"人是一个普遍名词"，"人是两笔画"，等等。这些都是名词的所指，是客观的存在物，绝非是观念的东西。穆勒指出，普遍名词不仅有所指，如人这个普遍名词不仅指约翰、玛琍、乔治等，还表示人所具有的某些性质，如有理性、能思维以及有一定的外形等。这就是说，普遍名词除了所指之外，还有自己的含义。在拉丁语中含义 conno-tare 一字，就是有兼指的意思，除指示一物之外，还兼指另一物。如白色除指白色的事物之外，就兼有白性的含义。这就是相当于我们今天所说的外延和内涵。从外延和内涵的不同出发，穆勒进而分析了普遍名词和专有名词的区别，认为普遍名词不仅指称它的外延，还有内涵，用以表示某种性质。而专有名词只是个体的名字，只有外延，而没有内涵，如我们将一个儿童取名为保罗，将一条狗叫它为凯克的时候，这些名字都不过是一种记号，它并不说明具有任何属性，因此专有名词是没有含义的。

　　穆勒又指出专有名词中的另一类，不仅有外延，而且也是有含义的。如"约翰·斯迪尔士的独生子"、"罗马的始皇帝"、"苏格拉底之父"等，这些名词不仅指示某一个体，而且说明了某一种属性，因而也就不是无含义的。穆勒在这里讨论了所指相同，而含义不同的专有名词。他举了用"苏芳尼古斯"称呼某一个人，也可以称他为"苏格拉底之父"。这两个名词指的是同一个人，但各自的意义不同。前者只能用来指示某一个体，而后者不仅指出这一个体，还表明这个个体和苏格拉底之间存在着父子关系。可见，这样一类专有名词是有含义的。穆勒把名词分为有含义的和无含义的两种，他认为这是非常重要的，因为它和语言的关系最为密切。

在命题理论上，穆勒不同意霍布斯认为每一个命题中主词和谓词一样，都是同一事物的名字。他认为有一些命题确实是如此，如"凡人都是生物"，"人"和"生物"都是同一事物的名字。但这一类命题是同一性命题，数量很少，有局限性，也不重要。这类命题就是相当于我们今天所说的分析命题。穆勒是经验主义者，他轻视分析命题，而强调综合命题的重要。他认为知识来自经验，综合命题能够增加新的知识，分析命题只是从主词中引申出含义，并不增加新的认识。如"金刚钻是可燃烧的"这个命题，是有了经验之后产生的综合命题，单凭对"金刚钻"这个词的词义进行分析，即使最精密的技巧，最敏锐的头脑，也是不能得到这个命题的。

穆勒从语言分析开始，研究名字和命题的意义，在语义学上无疑是有贡献的。他的这些思想为以后的逻辑学家所重视、所发展。比如他的所指和含义的区别，到了戈·弗雷格成了名词的两种意义——指称和含义的理论。戈·弗雷格以启明星和长庚星两个名字同指金星，而含义不同，说明指称和含义的区别。伯·罗素从逻辑专名无含义说到摹状词理论。这些都是对名词进行分析的结果，也是与穆勒的理论有关的。

二

在17世纪，弗·培根批评了经院派以三段论演绎为中心的逻辑学，认为它只是引出大前提中隐含的结果，而不能证明和发现大前提本身；这种从抽象的原理出发所进行的空洞的推演，无助于对自然界增加新的认识。这时，自然科学正冲破着中世纪的牢笼迅速发展。为了适应这种情况，弗·培根提出要以自然科学为基础，归纳为方法，发明的技术为目的，建立新的逻辑。他说，发现真理有两个途径：一条是从一般到特殊，这是现在通行的途径；另一条是从特殊到一般，这是尚未实验过的真正途径。弗·培根倡导归纳法之后，经过两百多年的时间，虽然有一些科学家如约翰·赫舍尔对归纳有许多阐述，但无论是弗·培根的三表法还是约翰·赫舍尔的九条规则，都没有使归纳法成为实用的、简明的形式，内容也十分贫乏。因此到了穆勒，在逻辑学中并没有改变主要以三段论演绎为中心的状况，在学校的逻辑教学中，依然和从前一样，归纳的内容并没有多少增加。

穆勒继承了弗·培根的归纳法思想，丰富了三表法，进一步形成了四法（或五法）。这些方法在系统化、规则化和程式化方面都有所前进，这是穆勒的一个重大贡献。也是在演绎法之外，对逻辑科学作出的重要补充，是研究归纳逻辑的良好开端。从此演绎和归纳得以在逻辑科学的发展中平分秋色，并驾齐驱，在这方面是不能低估穆勒的贡献的。

穆勒认为逻辑是探求真理的学问，应当研究由已知的真理达到未知真理的方法，从前提推出的结论不能是原有知识的重复，而应当包含更多的新知识。穆勒的这个思想是为他提出以科学归纳法为中心的逻辑体系作准备的，因为只有归纳法才能符合这个要求。他给予归纳法的定义是：从某种个别情况或某些特殊情况下知道其为真实的东西，推论到在所有相似的一切情况下，也都是真实的东西。也就是从个别事物具有某属性是真的，推出该类所有事物具有某属性为真，或在一定时间内是真的，得出在所有时间中是真的。它能够从已知的真理达到未知的真理。

早在古希腊就已经提出归纳问题，亚里士多德在《论辩篇》中就指出归纳是从个别到普遍的过程。但长期以来，归纳只停留在所谓完全归纳法和简单枚举法上。穆勒认为完全归纳法算不上真正的归纳法，因为完全归纳法从前提到结论只是一个简单的综述，只有字面的变换，并不能增加新的知识。对于简单枚举法，弗·培根认为就像儿童一样，非常幼稚，它经不起一个反例的检验。穆勒认为这种归纳缺乏坚实依据的推理，遇到因果性很快就会自动消逝，而让出它的地位。所以他并不推崇这些归纳法。穆勒认为已有的归纳法不能适应自然科学发展的需要，不能对科学的发展有所证明有所预见，没有它们所需要的适合实际应用的方法和程序，在科学技术的发展面前显得软弱无力。他认为已有的归纳法过于简单，很不完备，也不完善，缺少完整的系统，更没有简明的规则。他试图像三段论那样制定科学归纳法的规则，并且把这一点作为归纳逻辑研究的主要任务。穆勒还指出，已有的归纳法不能发现事物的原因，推导出科学的原理，而科学的主要任务就是要找出事物之间的因果联系。因此，穆勒提出他要建立的科学归纳法就是发现因果联系的方法。

穆勒在吸收前人成果的基础上，形成了他的科学实验方法。后人也称这种方法为科学归纳法或判明现象因果联系的方法。逻辑学家通常把这种方法直接称为穆勒方法，这就说明穆勒对于建立这些方法是有贡献的。这里要说明的是，在他的《逻辑体系》中，穆勒只是说科学实验四法，而把其中有的方法看作是派生的、从属的，后人为了叙述方便，就把它说成科学实验五法。

　　这些方法是在自然科学发展的基础上提出来的，它总结了科学实验中一些常用的方法，这些方法对于认识自然界，扩大科学知识的领域，帮助科学的发明和创造，是有一定作用的。事实上有些科学发现就是用这些方法得到的。比如物理学中的物体遇热膨胀的规律，就是应用共变法得来的。当人们对于一个物体加热，在其他条件不变的情况下，物体的温度不断升高时，其体积就不断膨胀。这样就得出物体受热与物体体积膨胀有因果联系。

　　这些方法的应用比较广泛。在实验中，我们可以使一些现象任意多次地重复出现，这就为应用求同法创造了条件。在实验中，我们又可以人为地使某一或某些现象发生，而使另一些现象不发生，也可使某一些现象发生变化，而使另一些现象保持不变，这就为差异法的应用创造了条件。其他如剩余法、共变法等也是如此。尽管在今天，自然科学的发展突飞猛进，也出现了许多新的实验手段、科学仪器和工具，但是只要哪里有观察实验，哪里就要应用到这些方法。所以作为科学实验的方法，至今有其存在的价值。

　　当然，我们也应当知道，这些方法毕竟是比较初步的、简单的，有它一定的局限性。例如，癌症的病例很多，用求同法可以找出癌症患者的相同之点，但是这个相同之点，并不就是癌症的原因。正因为这样，我们至今并不知道致癌的原因，所以我们也不能夸大这些方法的作用。当然，用虚无主义的态度，否定这些科学实验方法，也是不正确的。无可否认，穆勒方法的研究是研究科学方法论和归纳理论的一个良好的开端，至今也是归纳法的重要组成部分。所以我们不是简单地抛弃和否定穆勒方法，而是应当结合当代自然科学的发展，把归纳理论和科学方法的研究极大地推进一步。

穆勒在逻辑上继承了弗·培根的归纳法思想，但是弗·培根和穆勒在哲学思想上却有重要的区别，分歧是很深刻的。对弗·培根来说，归纳方法是认识世界、认识物质规律的方法。对穆勒来说，科学的目的是描述感觉经验的联系，构造的是联想心理学的系统。正因为这样，穆勒虽然提出科学实验的方法，专门揭示因果联系，但是他始终没有给因果联系作出科学的解释，相反却陷于自相矛盾之中。

穆勒的归纳逻辑要求获得真理，特别强调由"已知"达到"未知"，对人们要增加新的认识。由"已知"达到"未知"，在逻辑上之所以可能，穆勒认为是因为现象之间存在着因果联系。因此因果联系对于穆勒的归纳逻辑是一个十分重要的概念，也是他的归纳逻辑的一个重要基础。穆勒是怎样解释的呢？

穆勒认为因果联系只是现象之间的前后相随。他不承认因果之间客观地存在着必然性联系。穆勒说必然性具有无条件的意义，居先的现象出现，随后的那个现象无条件地出现，不仅现在如此，而且将来也如此。在穆勒看来，超出经验的无条件性、必然性是无法知道的；因为人们只能凭着感官感知外在世界的硬度、颜色、形象，等等，只能描述这些经验材料，感知它们的序列，而不能解释和说明为什么，超出经验的事物的内在本质、必然性等是不可知的"自在之物"。穆勒不承认因果联系的必然性和无条件性，那么作为专门揭示因果联系的科学实验方法所得到的结论，也就不能超出经验，也就不能由已知达到未知。如果把穆勒不承认因果联系的必然性贯彻始终，就会使穆勒的归纳理论全部倒塌，这一点穆勒自己也是清楚的。因此他又不得不承认有一种原因可以无条件引起全部后果，以此来缝补他归纳理论上的破绽。但是捉襟见肘，矛盾是无法掩盖的。

三

穆勒在主张以归纳为中心的科学方法时，还看到了演绎在自然科学中的作用，看到了自然科学由于数学的运用，逐渐转化成演绎科学。他认为，今后一切科学都有成为演绎科学的趋势，而且在科学研究中演绎的发展将起主导作用。穆勒对演绎的重要性及今后科学发展趋向的看法，无疑是正确的。

从 17 世纪起，数学和物理学经过笛卡尔、伽利略、开普勒和牛顿的工作，在科学史上发生了一个重大的变化。这就是在经验的物理学研究中应用了数学。它不仅可以定量地研究自然界，还可以用数学来描述物理现象，使原来是观察和实验的物理学能够通过运用数学达到高度的精确和正确，又能够通过运用数学推导，增加证明的科学性和严密性，从而向演绎科学逐步转化。在以前，物理学中只用本质、原因等字眼来不精确地说明物质为什么运动，现在已经由时间、空间、物质和力等概念来代替。这些概念不仅有了明晰的定义，并用数学的方法测定了物体运动的实际速度和加速度。笛卡尔的《方法论》叙述了演绎法和数学方法的作用，深信从不可怀疑的和确定的原理出发，用类似数学的方法推导，用演绎的方法论证，可以达到对自然界的认识。牛顿把当时的力学原理整理成一个演绎体系，写成了经典力学的一部巨著《自然哲学的数学原理》。

　　这些情况，穆勒是完全清楚的。对于任何追求科学意义的人，显然不能忽视自然科学的这个趋向。一门科学愈发展就愈需要数学，应用的数学愈多，就愈成熟，也就愈增加演绎的成分。因此，穆勒说，力学、流体静力学、光学、声学、热力学等，都一个接着一个成为数理的，所以各种科学日益增加其演绎性质。

　　那么，什么是演绎呢？

　　穆勒认为演绎就是解释一般命题。但它实际上是从一些特殊的事物过渡到其他的特殊事物。众所周知，演绎是从已经确立的一般命题出发，来推导出特殊或个别的命题。如果已经确立的命题是真的，根据推理规则所推导出来的特殊或个别命题也是真的。但穆勒认为这种推导实际上由一些特殊事物过渡到另一些特殊事物。穆勒认为一个演绎推理的前提不是从其他演绎推理得来，就是由归纳得来。演绎推理的前提是一般命题，关于它的性质，在历史上唯理论和经验论是有过激烈地争论的。到了穆勒，这个争论已进一步深化，集中在数学公理的性质上面。惠威尔认为数学公理是先验的，穆勒认为欧几里得几何公理，例如两平行线无穷延长不能相交等都是从经验中归纳来的。这一点就决定了穆勒对于演绎推理的看法。为了弄清楚穆勒的这个思想，这里仅以他关于三段论的思想为例进行分析。三段论虽然并不是包括所有的演绎推理，但它是演绎推理的一个典型形式，可以代表穆勒对演绎推理性质的看法。

　　一般说来，三段论的大前提都是一个全称命题。全称命题是反映一般性的知识，或者反映普遍性的原理。穆勒认为这样的全称命题都是从个别实例归纳来的，是个别实例机械结合的记录、缩写，不能认为变成了全称命题就有了新的意义。全称命题是从经验中来的，人们所能经验到的东西，都不外乎是个别的实例或个别的事物。这些个别事物经过归纳，总括在一起，就是全称命题。比如，凡人皆有死，我们从经验知道，约翰、妥玛、詹姆士等个别人的情况，归纳得出"凡人皆有死"的全称命题。穆勒认为，这个命题也只是包括过去经验到的所有人，至于将来的人怎样，这是超出我们经验范围之外的。

马克思主义哲学认为，"凡人皆有死"这个命题开始可以是由归纳来的，是经验性的，后来随着自然科学的进步，研究了细胞、有机体的产生、发展到死亡的过程，而人也是有机体，有生必有死，这样使"凡人皆有死"这个命题有了普遍必然的性质。当然，穆勒把有机体有生必有死也是看作从归纳来的，这点我们和穆勒是有分歧的。显然，把一切全称命题都单纯归结为来自归纳的经验性命题是错误的。

穆勒把全称命题的大前提作纯归纳的解释之后，进一步把三段论也解释成为由特殊到特殊的推理，而不是一般到特殊的推理。他说，"凡人皆有死，威林顿是人，威林顿有死"这个三段论，其结论威林顿有死并不是从大前提"凡人皆有死"推出来的。因为威林顿现在还活着，大前提的经验概括中，不包括威林顿。所以，这个推理实际是我们看见了约翰、妥玛等人曾经活着，而现在都已经死了，从这些个别的实例推出现在活着的威林顿有死。这个表面上看来是三段论推理，由一般推论到特殊，而实际上却是由特殊到特殊的推理。可作如下的分析比较。

（A）普通所说的三段论：

　　（a）MAP　　　大前提：凡人皆有死

　　（b）SAM　　　小前提：威林顿是人

　　　(c) SAP　　　结　论:威林顿有死

(B) 按照穆勒的分析,三段论实际是:

　　　(a) 大前提:我的父亲、我父亲的父亲、约翰、妥
　　　　　　　　玛、詹姆士等及无数其他人都有死

　　　(b) 小前提:威林顿正像上面所说的其他人

　　　(c) 结　论:威林顿有死

　　这样,三段论大前提全称命题经过穆勒的解释,就不存在全称的性质,三段论推理也就成为从特殊到特殊的推理。

　　这里要说一下,有的逻辑史家认为穆勒是把三段论看作归纳的变形。其实说得确切些,穆勒是把三段论解释成类比。类比和归纳虽然都是或然性推理,但还是有区别的。归纳是从个别到一般,类比是从个别到个别。穆勒为了用归纳来吞并演绎,也就利用了类比。他把类比看作归纳的一种,所以,穆勒的归纳推理除了从个别得到一般以外,从个别到个别也是归纳推理的基本形式。

　　可见,穆勒虽然重视演绎,但对演绎理论的解释却是十分错误的。

四

　　穆勒的《逻辑体系》是由归纳和演绎两个部分组成的。在穆勒以前,归纳和演绎两者处于极端对立的地位,在逻辑史上唯理论者只讲演绎法,经验论者只讲归纳法,他们经过了一次又一次的论战,都没有能很好地处理演绎和归纳的关系。穆勒在《逻辑体系》中把归纳和演绎的联结看作是他的重要之点,他说,要把有关一门学科从来没有作为一个整体处理过的

零碎断片连贯组织起来，必要时提供中间环节使它们得以互相联系，这就必须要有相当程度的创造性思想。可见穆勒解决归纳和演绎的关系，是他全部著作的精华所在。这是值得我们注意的一点。

穆勒说，依照惯例，我们还是把"归纳"一词看作建立一般命题的过程，除此以外其余的推理活动，实质上就是解释一般命题，我们称为演绎。我们认为每一个推理，凡是能够推出有关未观察到的事件的任何情况，其构成都不外乎是一个归纳，后面紧接着一个演绎。这是推理的普遍型式。① 穆勒具体提出由已知进入未知的推理的普遍型式是先一个归纳，后面紧接着一个演绎。下面我们就来看穆勒是如何解决两者之间关系的。穆勒说，演绎的前提是由归纳来的，"凡人皆有死，威林顿是人，威林顿有死"这个三段论（B）的前提，穆勒认为是由下面的归纳得来的。这个归纳是：

（C）我父亲有死

　　　我父亲的父亲有死

　　　约翰有死

　　　妥玛有死

　　　詹姆士有死

　　　……

　　　所有这些都是人

所以，凡人皆有死。

（C）的结论就是上述三段论（B）的前提。当然"凡人

---

① 参见穆勒《逻辑体系》第 2 卷第 3 章第 7 节（英文本），伦敦汉森公司 1911 年版。

皆有死", 在穆勒看来, 实际上是"我的父亲、我父亲的父亲、约翰、妥玛、詹姆士等及无数其他人都有死"的缩写。这样从 (C) 到 (B) 就构成了推理的普遍型式。也就是由我父亲有死, 我父亲的父亲有死, 约翰、妥玛、詹姆士有死, 推出威林顿有死。穆勒还认为经过 (B) 推理所得的结论"威林顿有死"又能补充到 (C) 的前提中, 所以演绎扩大了归纳的结果, 即把没有预见到的实例分别纳入这些归纳的范围之内。

这个普遍型式也是推理的基本形式, 它表面上把归纳和演绎串联在一起, 而在实际上穆勒认为完全是从特殊到特殊的推理过程。这里演绎消融在归纳里面, 归纳吞没了演绎。

穆勒对归纳和演绎关系的看法是错误的。他歪曲了演绎推理, 也歪曲了人的整个认识过程。人们的认识过程, 一般地说是从个别开始上升到一般, 再由一般去认识个别和特殊, 经过如此不断地循环往复, 达到对事物真理性的认识。一般来说, 归纳是和个别到一般的认识过程相结合, 演绎则和一般到个别的认识相适应。因此, 在统一的认识过程中, 归纳和演绎既有区别又有联系, 在认识事物的过程中, 各自起着不同的作用。如果以人和死的关系作为我们认识的对象来说, 一方面从经验中归纳出个别人都有死, 认识到凡人皆有死。又从对生命的科学研究上知道了有机体的生命过程, 有生必有死。这时我们所认识的"凡人皆有死"已超出经验的范围, 而是得到一个规律性认识。这个命题的意思不只限于经验到的有穷的人数, 而是对于任一个体而言, 如果是人, 那么就有死, 揭示了人和死之间的必然联系。人们一旦有了这个一般的规律性知识以后, 就可以去认识任何个别, 威林顿虽然现在还活着, 但知道他总有一天要死的。这是从"凡人皆有死, 威林顿是人, 威林顿有死"这个三段论得到的结论。一个人可以没有任何经验，只要掌握了一般的规律性知识，就可以用演绎推理去认识个别、特殊事物。这种推理显然是从一般到个别，而绝不是从个别到个别，这是我们和穆勒的分歧。

个别和一般是对立的统一。一般寓于个别之中，个别又包含在一般之内。认识一般就可以认识个别，从个别经过认识中质的飞跃就可以达到认识一般，这是在思维过程中两个相互联系的方面，而穆勒的经验论只承认个别，不承认一般，显然是错误的。

与整个认识过程相联系的演绎和归纳也是相互联系在一起的。演绎固然不能没有归纳，归纳绝不能离开演绎，没有演绎就没有归纳。进行归纳推理首先要有归纳公理作保证。当然不同的哲学观点，会有不同的归纳公理和对归纳公理的解释，在这里是不重要的，我们也不加讨论。重要的是穆勒提出归纳推理是建立在自然齐一的原则之上，这个原则就是穆勒的归纳公理。没有这个公理作基础，就不能解释今天儿童触火灼伤了皮肤，为什么明天儿童触火或后天儿童触火都能起同样的作用，为什么未观察到的场合与已观察到的场合相一致：现在如此，将来也如此。所以每一个具体的归纳推理都是以归纳公理为前提的，正是在这个意义上，"从个别东西开始的一切推理形式都是实验性的，而且都是以经验为基础的，甚至归纳推理（一般说来）也是从 A—E—B 开始的"[①]。A 就是表示普遍的，E 表示个别的，B 表示特殊的。这种推理过程就不是像穆勒所说的从个别到个别的过程，也不可能像他所说的是纯粹的归纳

---

① 恩格斯：《自然辩证法》，人民出版社 1971 年版，第 205 页。

过程。

　　归纳必须对经验材料进行整理，在整理过程中，就不免有所取舍，取什么，舍什么，没有明确的指导原则是无法进行的。所以这个指导原则是用以认识当前的个别材料属于或不属于某种范围的根据，这就是从一般出发去认识个别的演绎过程。演绎和归纳是互相补充互为前提的，没有归纳，演绎的前提就是无源之水，归纳没有演绎，就无法检验它的结论。

　　这里应该讨论一下演绎的前提从何而来？有的哲学家说："没有归纳，演绎就是不可思议的，因为演绎出发点的一般原理，就是归纳的结果。演绎是从归纳工作结果的地方开始的。"① 这位哲学家正确地批评了穆勒的全归纳观点，但是并没有和穆勒思想划清界线，因为穆勒就是认为演绎出发点的一般原理，就是归纳的结果，是个别的机械结合，三段论大前提就是从经验归纳来的，演绎推理实际上就存在于从个别到个别之中。这里同样是把演绎推理的情况简单化。实际上至少存在着两种情况：一种情况，演绎推理的前提是断定了的命题，如直言三段论大前提"凡人皆有死"，就不只是来自归纳，同样也有来自演绎的成分。因而说演绎出发点的一般原理就是归纳的结果，这是以偏赅全，就不可避免地要和穆勒走到一起去。另一种情况，归纳的结论是或然的，还没有得到其他科学证明或演绎的补充，这时可以作为假设的前提，以演绎作检验。这种作为假设的演绎，其出发的一般原理，可能只是单纯归纳的结果。把这两种情况混而为一，也就不能把穆勒的错误看法分

---

　　① 罗森塔尔：《辩证逻辑原理》，生活·读书·新知三联书店 1962 年版，第373 页。

析清楚。当然对于演绎的大前提如何形成，情况是很复杂的，并没有千篇一律的模式，这需要认识史、科学史分别加以说明。但可以肯定，说它们都是从归纳得来，是片面的，也是不符合科学事实的。

穆勒把演绎和归纳串联在一起，说成是由特殊到特殊的推理，在实际上就取消和否定了整个演绎推理，严重地混淆了演绎推理和归纳推理的不同性质。

演绎推理的形式是客观的，比如三段论就是这样。三段论是人们常用的一种演绎推理形式，这种形式不是主观自生的、任意创造或约定的，也不是天赋的和先验的形式，而是长期在思维实践的基础上产生和形成的。正如列宁所说："人的实践经过千百万次的重复，它在人的意识中以逻辑的格固定下来。这些格正是（而且只是）由于千百万次的重复才有着先入之见的巩固性和公理的性质。"[1] 穆勒反对公理的先验性质，同时否定了演绎推理的形式，否定了三段论推理形式，这是经验论所犯的错误，也是逻辑史上的一种倒退。

三段论推理作为演绎推理的一种，和其他演绎推理形式一样，具有形式的必然性。相对来说，这种推理形式的必然性与推理的内容无关，推理内容的真假并不影响推理形式的有效性。也就是说，演绎推理可以不管命题内容与事实是否相符合，而只管根据假定的前提，根据蕴含关系推演出各种命题。演绎前提的内容可能是虚假的，然而演绎推理本身可以是有效的。演绎推理关心的是有效与否的问题。假若 p 蕴含 q 而且 p 真，那么 q 必然为真。假若 a 是包含在 b 中而 b 又包含在 c

---

① 《列宁全集》第 38 卷，人民出版社 1963 年版，第 233 页。

中，那么无疑 a 包含在 c 中。前提既然蕴含了结论，由前提导出的结论就具有逻辑上的必然性。因此，只要你承认了前提，就必然要承认结论，不承认结论是不可能的。正如你承认了所有的事物都是发展变化的，地球是事物；那么就一定要承认地球也是发展变化的。如果你不承认地球是发展变化的，那就一定不能承认前提。承认前提而不承认结论，就会引起矛盾，这是演绎推理的重要特点。

归纳推理和演绎推理不一样，具有完全不同的性质。归纳出现在个别到一般的认识过程中，以观察实验为基础，从个别概括出科学上的一般原理和普遍命题。这一点正是一切科学的重要任务，任何科学都是要从个别事实中找出一般性的规律，在这种意义上，归纳可以叫作科学方法或方法论。归纳首先要求有无可辩驳的科学事实，事实假了，任何归纳都不可能得到真实的结论。归纳以事实为基础，尽管如此，从个别推出一般时，所得的结论可能真，也可能假。也就是说，归纳推理从前提推出的结论是或然的，因为归纳推理的前提并不蕴含结论，推理形式并不普遍有效。人们见到许许多多的天鹅都是白的，归纳出"所有的天鹅是白的"这个结论，结果在澳洲发现了黑天鹅，就推翻了前面的结论。所以归纳推理与演绎推理在性质上是有根本区别的。穆勒完全抹杀了这种区别，用归纳推理否定了演绎推理，在逻辑上用或然性推理否定了必然性推理，用事实内容取消了形式的普遍有效性。

更加片面的是，穆勒想用归纳法建立全部的归纳证明。他说，归纳逻辑所要做的，就是提供一些规则范例，按照这些规范进行归纳推论，我们的论断便可确凿无疑。科学的归纳不仅是发现一般命题的程序，也是证明一般命题的程序。

演绎逻辑作为证明的逻辑，它的逻辑证明力量是无可怀疑的。但是穆勒反对了演绎证明，他自己却提出了建立归纳证明的逻辑。也就是从个别事物出发，经过科学实验方法的严密步骤，达到证明普遍原理，即由个别出发经过归纳进而证明一般。现在我们就来看穆勒提出科学归纳的规则是否能够起到这样的作用。很明显，归纳是或然性推理，他所制定的规则是不能使归纳成为必然性推理的，是不能起到证明作用的。

就以求同法规则来说，这条规则主要通过不同场合比较出它们之间的相同点，淘汰不同事例的不同原因，而又假定了客观世界的因果联系都是单因独果。显然这样是不能保证由真的前提得到一定真的结论。因为事物之间的因果联系是很复杂的，有单因独果，也有异因同果、多因一果，也就是同样的结果不一定总是由同样的原因产生。比如失火这一结果，可以因为香烟头燃烧了稻草，也可以是电线短路引起燃烧，也可以是坏人放火等。这种异因同果，按照假定的单因独果进行求同，就会得到错误的结论。又如差异法规则虽然有较大的可靠性，但是应用差异法也可能产生错误。应用差异法时，要求正面场合与反面场合只有一点不同，即在正面场合中有某个情况出现，而在反面场合中这个情况不出现。事实上往往在正面场合中还存在着其他反面场合中没有的情况，而这个情况又没有注意，就会产生错误。

总之，科学归纳的五条规则任何一条都不能起到归纳证明的作用，也就是这些规则不能保证归纳从真的前提出发得到真的结论，穆勒建立归纳证明在事实上是靠不住的。恩格斯说："按照归纳派的意见，归纳法是不会出错误的方法。但事实上它是很不中用的,甚至它的似乎是最可靠的结果,每天都被新的发现所推翻。"① 又说:"黑格尔曾经说归纳推理本质上是一种尚成疑问的推理,这个命题多么恰到好处地得到了证明!"②

穆勒用归纳来证明一切,这是错误的。企图用归纳来弄清一切推理过程,也是不可能的。"我们用世界上的一切归纳法都永远不能把归纳过程弄清楚。只有对这个过程的分析才能做到这一点。——归纳和演绎,正如分析和综合一样,是必然相互联系着的。不应当牺牲一个而把另一个捧到天上去,应当把每一个都用到该用的地方,而要做到这一点,就只有注意它们的相互联系、它们的相互补充。"③

当然,穆勒在逻辑思想上是存在着许多矛盾的:他强调演绎的重要性,又用归纳吞并了演绎;他否定演绎的形式必然性,又要建立归纳证明的绝对可靠性。正如马克思所说:"他对于黑格尔的'矛盾',一切辩证法的源泉,虽然是这样生疏,但对于各种可笑的矛盾却是十分内行。"④

穆勒适应时代的需要,在总结前人成果的基础上,建立了科学实验方法,在提出科学假说中,把归纳和演绎联系起来,尽管解释有错误,但对科学方法和归纳理论的研究是一个良好的开端,也是他在这方面作出的贡献。另一方面,他从哲学上的经验主义出发,反对理性思维和科学抽象,从而错误地解释演绎推理,否认了演绎推理形式的有效性,用归纳吞并了演绎,这一点随着数理逻辑的形式系统的建立,穆勒的错误性质

① 恩格斯:《自然辩证法》,人民出版社1971年版,第205—206页。
② 同上。
③ 同上书,第206页。
④ 马克思:《资本论》第1卷,人民出版社1963年版,第654页注41。

就更清楚了。看来，穆勒在科学方法论上作出了贡献，但在形式逻辑方面却是错误的。

（原载江天骥编《西方逻辑史研究》，人民出版社 1984 年版，第 215—234 页。）

关于穆勒的三段论思想

约翰·斯图亚特·穆勒（John Stuart Mill，1806—1873）是近代英国经验派逻辑学家。他写的《逻辑体系》（1843 年出版）是一本具有世界性影响的逻辑著作。20 世纪初，我国向西方寻找真理的资产阶级思想家严复，曾经翻译了这本书的主要部分，名为《穆勒名学》。这样，穆勒的逻辑学说也在中国广为流传，以至"原来研究经史学问的如章炳麟、刘光汉等，即大量吸收了这一经验派的逻辑思想方法"①。因此研究穆勒的逻辑思想，并给予马克思主义的说明，对中国逻辑史、西方逻辑史的研究，都是很必要的。本文不可能全面讨论《逻辑体系》一书中所有的问题，只就穆勒的三段论思想提出一些粗浅的看法。

一

三段论在现代形式逻辑出现以前，一直是逻辑学的基本部分，不少逻辑学家把它看作形式逻辑的典范。而在另一方面，有一些逻辑学家对三段论的作用和价值提出了怀疑。古希腊的塞克都斯·恩披里柯（Sextus Empiricus，公元前 2 世纪）曾提出：三段论的大前提是三段论结论的根据，但是，大前提本身

① 汪奠基：《中国逻辑思想史》，上海人民出版社 1979 年版，第 406 页。

的成立，又必须依靠结论所断定的那个事实的成立。这说明对三段论的褒贬抑扬，很早就开始了。中世纪经院哲学家把三段论的格式编成口诀，要学生背诵，成为经院哲学的一部分。到了近代，随着自然科学的兴起，弗·培根（Francis Bacon）抨击了三段论的作用和价值，提出要以自然科学为基础，以归纳法为方法，以发明的技术为目的。我们在 20 世纪 50 年代末 60 年代初，也曾对三段论的作用，三段论能否推出新知识等问题，展开过有益的讨论，使逻辑科学的水平有所提高。在国外，卢卡西维兹（Jan Lukasiewicz）又用数理逻辑的方法，研究了亚里士多德的三段论。这些说明，在逻辑科学发展的不同时期，三段论始终是被注意的中心之一。对它的研究和探讨，也一直没有停止过。在对三段论持有不同意见的派别中，不管双方对立得如何厉害，语言如何尖锐，一般都肯定了三段论的存在，只是对其作用有分歧意见。但是穆勒却不同，他从唯心主义经验论出发，在表面上肯定了三段论，而在实际上否定了三段论，一步一步巧妙地改造了三段论，从而用归纳法代替了演绎三段论，建立了全归纳派的逻辑体系。穆勒这样一套非常特殊的三段论理论，可以说在三段论的历史上是别有内容和独具一格的。研究穆勒的三段论思想，就可以借鉴历史，温故而知新，从中得出有益的教训。

必须指出，在现代形式逻辑产生以前，逻辑思想是哲学认识论的一部分。穆勒关于三段论的思想也是和他的哲学观点分不开的。大家知道，穆勒在哲学上属于主观唯心主义者贝克莱和不可知主义者休谟的一派。因此，在穆勒看来，事物不过是人们感觉经验的复合，"存在就是被感知"感觉以外的存在是不可知的。这样，人们的认识对象就不在客观世界，而是在我们自己的表象形式之中。人们的认识只能对现象世界加以经验的描述,认识世界的本质是不可能的。穆勒的哲学是感觉至上,否认理性思维,经验至上,否认科学抽象。虽然穆勒自己说:"逻辑是一块中立的土地,无论哈特莱或里德的拥护者,也无论洛克或康德的拥护者,都可以在这块土地上彼此相见,握手言欢。"① 也就是说逻辑是一门脱离哲学,不受哲学影响的科学。不管是唯心主义,还是唯物主义,在逻辑科学里都有共同的语言,一致的见解。但在事实上,穆勒哲学上的唯心主义经验论决定了穆勒的逻辑思想。这一点在穆勒的三段论思想上表现得尤其充分。

我们也不能不注意到,穆勒思想具有某种折中调和的特点。马克思说,穆勒"就尝试要以资本的政治经济学,和已经不容忽视的无产阶级要求调和起来"②,对于他"黑格尔的矛盾,一切辩证法的源泉……虽是这样生疏的,但各种平凡的矛盾,对于他,却是十分熟悉的。"③ 反映在穆勒的逻辑思想上,对矛盾的折中调和,也就不是偶然的了。正如他自己在《逻辑体系》的序中所说,他是把从来没有作为整体处理过的各种逻辑思想"连贯组织起来",对各种互不调谐的逻辑理论"调停配合"、"互相联系"。穆勒在三段论上总的是用归纳吞并了演绎,但在许多方面,又常常把归纳和演绎拼凑在一起。由于这样的特点,使我们要弄清穆勒的三段论思想,有时是很困难

---

① 转引自巴·谢·波波夫《近代逻辑史》,上海人民出版社 1964 年版,第239 页。

② 马克思:《资本论》第 1 卷第二版跋,人民出版社 1953 年版,第 11—12 页。

③ 马克思:《资本论》第 1 卷,人民出版社 1953 年版,第 748 页注 41。

的。下面我们就穆勒对三段论公理的看法，对三段论大前提、小前提的态度，对三段论化归为归纳，分别加以分析，以就正于同志们。

二

19 世纪自然科学在各个领域进入了蓬勃发展的高涨时期，彻底冲击了中世纪思想禁锢的锁链，自然科学的伟大成就，引起逻辑思想上的一个转变，这就是不满足于把逻辑看作证明的工具，单纯研究"证明的逻辑"，而是同时主张提倡研究科学方法，建立"发明的逻辑"。从培根起到穆勒等人的逻辑思想看，就是沿着这样的方向发展的。

穆勒认为逻辑是研究推理的科学，真正的推理是从已知的真理出发，进而达到另一种真理，这种达到的真理与出发的真理是应当有所不同的。穆勒非常强调真正的推理是由已知达到未知的过程，结论要比前提有更多的新知识。这就是"推证之术，由所已知，迤及其所未知，委之于原厘然有异"[①]。穆勒明确指出命题的换质换位，全称命题推特称命题等所谓直接推理都不是真正的推理。从这样的观点出发，穆勒认为，照一般人所说的三段论理论，不能算作真理的推理，因为三段论的结论已经包含在前提里面，它是推不出新知识的。穆勒就从这里开始批判了三段论公理。显然，三段论推理是以三段论公理为基础的。穆勒说三段论公理——"曲全公例乃为复词并无精

---

① 《穆勒名学》，生活·读书·新知三联书店 1959 年版，第 137 页。

义"①。也就是说三段论公理不过是同一性命题，是"賸义赘词"，不能推出新的知识。大家知道，三段论公理就是：凡是对某一种类所能肯定（或否定）的无论什么，也能对这一种类所包括的每一个成分加以肯定（或否定）。三段论包含并且只包含三个不同的词项。如果分别用 S、M、P 三个符号来表示三个类，三段论公理就是说对 M 类所能肯定的（或否定的）P 类，也能对 M 类包括的 S 类加以肯定（或否定）。通常称 S 是小项，M 是中项，P 是大项。三段论由也只由三个命题组成，其中两个命题是前提，另一个命题是结论。也就是上述三个词项要在三个命题中分别出现两次。三段论的两个前提主要依靠中项 M，把小项 S 和大项 P 的包含关系确定起来。这样，就是 M 包含在 P 中，S 又包含在 M 中，所以 S 是包含在 P 中。三段论公理就是反映了类与类之间包含关系的传递性。如果承认了前提，就必然在逻辑上承认结论。

穆勒说三段论公理是复词，是同一性命题。所谓同一性命题，当然就是指 A = A。也就是说三段论推理根据公理 A = A，得到的结论和前提是同一的。但是大家知道，三段论是由三个不同的命题组成："p，q，故 r"。这就是说由前提 p，q，可得到 r 这样的结论。显然从命题看，前提和结论都分别是不同的命题，不存在同一性的问题。如果从三段论的词项来说，它们也是不同的，有不同的内涵和外延。如"凡人皆有死，帝王是人，所以帝王有死"。这是一个三段论，前面分别是大前提和小前提，在"所以"后面的是结论。这是三个不同的命题，从词项的外延上说，帝王包含在人中，人包含在死中，"帝

---

① 《穆勒名学》，生活·读书·新知三联书店 1959 年版，第 145 页。

王"、"人"、"死"三个词项的外延是不同的。从内涵上来说，"帝王"、"人"、"死"分别反映不同事物的特有属性。穆勒又说，三段论公理是种类的解释，凡是符合于某一些对象的任何东西，也符合于其中每一个对象。这是不能推出新知识的。大家知道，三段论由三个词项组合形成的三个命题，分别是大前提、小前提和结论。虽然在结论中出现的两个词项已经存在于前提之中，但在结论之中，词项之间有了新的结合。在两个前提中，只是"S"与"M"，"M"与"P"有联系。"S"与"P"的关系虽然经过"M"的中介，蕴含于其中，但并没有断定。也就是说"S"和"P"的关系，客观地存在于前提之中，但在主观上没有直接断定"S"与"P"的联系。只有根据三段论公理，从前提逻辑地在结论中加以断定，使在前提中"S"和"P"还没有直接确立的关系，在结论中加以肯定。因此结论中就提供了新的信息，这种新的信息，在前提中是没有的。我们虽然知道了人包含了帝王，死包含了人，但是在有死的一类中是否有帝王，在这个三段论的两个前提中，并没有直接表示。只是根据三段论公理这一条逻辑规律，确立了包含关系的传递性，才从前提得出必然的结论：帝王有死。这对前提来说，结论传递了新的信息。当然，三段论结论的新知识是相对于前提而言的，也是蕴含于前提中的。如果超过蕴含于前提中的新知识，三段论是得不到的。我们正是依靠三段论公理，将前提中蕴含着的知识，必然地推演出来，由断定前提达到断定结论。

再从人类的认识过程来看，人们总是先认识了许多不同的事物，经过概括得到了一般性的知识，借助这种一般性的知识，再去认识一般性较小或具体的事物。根据一般性知识获得的具体事物的知识，可以补充、丰富和发展一般性的认识，使一般性的认识不致变成枯槁和僵死的东西。由类的知识进而认识其子类或分子，是认识上的进一步具体化，决不如穆勒所说的，是种类的解释，是空洞的文字游戏，无补于认识事物。事实相反，三段论在人们认识中的广泛应用，经久不衰，就是一个很好的证明。

穆勒反对三段论公理不是偶然的。早在他的命题理论中，就表述了这一点。他认为把命题解释成类与类之间的包含关系，是因果倒置；"雪是白的"，我们可以把"雪"设想为一个类，但不能把"白"作为一个类来设想。在这命题中，除了雪而外，我们并没有想到任何其他白的对象。只在这个命题之后，认识了许多其他白的对象，才能形成。正因为如此，穆勒说："独至于白，吾何尝有白为一类之思乎？""其不能先为白之一大类而以雪为之一小类，……彰彰明矣。"① 穆勒的说法是完全离开了一个全称肯定命题的正常含义的。对于全称肯定命题的主项是断定了它的全部外延，并包含于谓项之中，而对于谓项并没有断定其全部外延。"凡雪是白的"这个命题，断定了所有的雪都属于白的东西类，并没有断定白的东西的全部外延。即使像穆勒所说的那样，谓项的类包括哪些对象，都已被认识到了，但是在全称肯定命题的形式中，是无法加以反映的。穆勒反对命题是类与类之间的包含关系，提出主观唯心主义经验论的命题理论，认为命题不外乎是确认现象之间的顺序连续、同时存在、单纯存在、因果关系、相似关系。如雪是白的，表示现象雪与现象白是同时并存的。这种命题理论就是穆勒自己提出的三段论公理的基础。穆勒的三段论公理是：

---

① 《穆勒名学》，生活·读书·新知三联书店 1959 年版，第 82 页。

"第一物与第二物恒并著，而第二物与第三物恒并著，则第一物与第三物必恒并著。其所以为负者，曰第一物与第二物恒并著，而第二物与第三物恒相灭，则第一物与第三物亦恒相灭。"[①] 穆勒称为事物的东西，不过只是感觉上的属性或标志，不是我们通常意义上的事物。穆勒所说的并著是表示属性之间的关系，他解释成"含在一起成为同一主体的连带属性"，并非出于同一时间。这样穆勒的三段论公理换成现在的说法就是，当一个属性 a 与另一个属性 b 有连带关系，并且 b 又与另一个属性 c 有连带关系，那么属性 a 与属性 c 就有连带关系。当一个属性 a 与另一个属性 b 有连带关系，而 b 与另一个属性 c 没有连带关系，那么属性 a 与属性 c 也没有连带关系。在这里三段论直言命题的类和类之间的包含传递关系，变成了穆勒的连带属性的传递关系。穆勒所说的连带属性，不过是命题在现象方面的顺序连续、同时存在等的另一提法，不是什么新的思想。因而连带属性是没有必然联系的，在这个基础上建立的传递性，也不是逻辑形式上的必然性。这和建立在类与类之间包含关系上的三段论公理是迥然不同的。

三

　　穆勒否定三段论，还集中表现在从主观唯心主义经验论和全归纳原则出发，尖锐激烈地抨击三段论大前提。大家知道，三段论推理的有效形式，都可以还原为三段论第一格的 AAA 式和 EAE 式。这就是说三段论大前提都是一个全称命

---

① 《穆勒名学》，生活·读书·新知三联书店 1959 年版，第 149 页。

题,它反映一般真理的知识。对于全称命题反映一般真理知识,穆勒的观点和我们有着根本性的区别。穆勒认为一般真理知识,都是从个别实例归纳得来,实在是个别实例集合的记录,不能认为变成全称命题就更有证明效率。他说:"顾人所得以仰观俯察者,皆散著睽孤之迹也;本诸散著而后有其会通,从其会通复可以验散著。故会通之理,乃散著事实之通和也。"① 这就是说一般真理的知识都是观察得来的,而人们所有能够观察得到的东西,都不外乎是个别的实例或各个别物。经过归纳会通,把许多特殊事实知识集合起来,总括在一起。这是主观唯心主义经验论,反对科学的抽象概括,反对命题的普遍必然性的一个很好的说明。显然,离开了马克思主义哲学要弄清全称命题的性质是不可能的。下面我们就全称命题所反映的知识和一般真理的两种情况,来分析穆勒的观点。现在就来看:

(1)"所有的天鹅都是白的"。

(2)"凡人皆有死"。

这两个命题分别代表了两个类型。(1)这类命题完全来自人们有限的观察和简单枚举法(归纳法的一种)。这个命题在相当长的一段时间内,大家都认为是正确的。一直到澳大利亚发现了黑天鹅,就推翻了这个命题。显然这种命题是仅仅从归纳得来的,是不可靠的。对于简单枚举法,所列举的事例数量愈多,结论的可靠性愈大,列举的事例愈少,结论就愈不可靠。同时,即使列举的事例很多,但仍然可能遇到相反的情况,推翻原来的结论。这是由于"所有的天鹅都

---

① 《穆勒名学》,生活·读书·新知三联书店 1959 年版,第 153 页。

是白的"这样的命题，并没有探讨天鹅与白色之间是否有内在联系，天鹅是否必然具有白色，白色是否就是天鹅的本质属性，对这些并没有经过科学的分析。因此仅仅由观察和简单枚举得来的这类全称命题是或然的，不可靠的。（2）这类命题不仅是从有限的观察和归纳得来，同时又经过科学分析得到的。我们从经验观察，知道张三、李四、赵五、王六等部分人的情况，归纳得出"凡人皆有死"的全称命题，只是或然的命题，因为全称命题涉及主项的全部对象，包括过去的、现在的以及将来的所有的人。而不论哪一个观察者，都是不能观察到所有过去的人以及所有将来的人。甚至现在所有的人都观察到也是不可能的，因为现在这个时间，有一些人在死亡，而另一些人正在出生。在这个意义上，归纳总是不完全的。因此要作出一个普遍性的命题，不仅有经验的归纳，还要作科学的分析。显然，"凡人皆有死"这个命题的可靠性，还要依靠其他一些手段来获得。包括研究人这个有机体的产生、发展到死亡的过程，研究人类生命运动的规律，以及人由生到死的必然过程，从而使"凡人皆有死"这个全称命题具有普遍必然性。又如从金、银、铜、铁等部分金属的情况得出"凡金属都是导电的"（包括半导电的）全称命题，因为这个命题涉及全体金属，其中包括许多未知的金属，而人们还没有完全确切地知道在我们没有观察过的事实中会遇到什么，所以这样的全称命题还是不能成立的。那么，要怎样知道"凡金属都是导电的"这个命题是确凿无疑的呢？这就必须知道金属的本质属性与导电之间存在必然联系的原因。金属导电是由于金属内部存在着大量的自由电子，它是金属导电的原因。这类命题绝不是单纯经验归纳的命题,而是一类科学验证的普遍必然命题。

　　唯物辩证法告诉我们,个别与一般是对立的统一,一般存在于个别之中。如果我们有正确的立场,采用科学的方法,在对事物周密研究的基础上,抓住典型,进行去伪存真,去粗取精,由此及彼,由表及里的科学分析,是能够得到符合实际的普遍性的科学结论的。马克思从资本主义社会最简单、最基本的因素——商品开始,研究了资本主义社会的经济结构,得出了生产的社会性和生产资料私人占有的矛盾,并从中引出了资本主义必然灭亡的普遍规律。麻雀虽小,五脏俱全。无论是中国的麻雀,还是外国的麻雀,不需要每一个都去解剖,因为从解剖一个麻雀的情况,可以知道所有麻雀的情况。恩格斯说过蒸汽机加热而获得机械运动,"十万部蒸汽机并不比一部蒸汽机能更令人信服地证明这一点……"[①] 可见,从个别可以引出普遍性的知识,一般真理并非仅来源于简单枚举。穆勒认为全称命题只是个别实例的机械汇集,只能由简单归纳而来,否认(1)类和(2)类全称命题之间的区别,抹杀第(2)类全称命题的存在,这既不符合人类认识的历史,也不符合科学发展的规律。穆勒的主观唯心主义经验论片面地夸大感性经验在认识中的作用,认为只有感性经验才是可靠的;又片面夸大归纳的作用,认为只有归纳,才是认识的唯一方法。

　　对于普遍性的全称命题,穆勒的全归纳观点肯定是错误的。但是,它究竟怎样产生,它的思维过程有哪些特点,是怎样运用归纳和演绎的,这还需要进一步的研究和总结。有的逻

---

　　① 恩格斯:《自然辩证法》,人民出版社 1955 年版,第 190 页。

辑书在反对三段论是循环论证时，说大前提是"人们在实验过程中，能够根据对某些个别事物或事物情况的认识，应用归纳方法，得出反映这些事物或事物情况的普遍规律的全称判断"，又说"由于三段论的普遍性前提是应用归纳得到的"①，等等。这些提法，虽然承认了第（2）类普遍全称命题的存在，但是也把普遍性的全称命题归之于"应用归纳得到的"。这就很难和穆勒的全归纳派观点划清界限了。

　　以上我们讨论了两类全称命题的形成和它的有效程度。穆勒和我们是有原则区别的。所有这些还都是属于全称命题的思维内容方面的问题。大家知道，全称命题的思维内容和全称命题的思维形式是有区别的。全称命题的形式一旦脱离全称命题的内容被抽象出来后，就具有相对独立性。形式逻辑所研究的，是属于思维的形式方面。不管全称命题的具体内容如何，是经验归纳的，还是理性演绎的，只要在认识中断定了某一个全称命题，那么全称命题的形式就一定存在，它的逻辑性质一定会在推理中发生作用。穆勒混淆了全称命题的形式和全称命题的内容之间的区别，用内容来代替了形式，从而否定了作为反映一般真理知识的全称命题形式的存在，从而也为他否定三段论打开了缺口。

　　对于三段论小前提，穆勒所采取的说法，常常是自相矛盾的。有时说要，有时却说不要。穆勒说三段论的结论是从大前提中抽引出来的。这个说法与我们说三段论的结论是从大前提和小前提中演绎出来，是完全不同的。我们认为小前提是三段论的一个不可缺少的组成部分。三段论是由两个前提一个结论

---

　　① 金岳霖主编：《形式逻辑》，人民出版社 1979 年版，第 174 页。

组成的,实际是前提中存在的三个词项,由中项确定小项和大项的逻辑联系。三段论中没有小前提,也就没有小项,在结论中更是谈不上小项和大项的结合,构成结论这个命题。穆勒认为三段论结论可以不用小前提就能得到,这完全是错误的。我们可以从三段论大前提抽引出某些结论,如从 SAP 可以抽引出 SIP,从 SEP 可以得到 SOP。也就是从凡人皆有理性可以得到有些人有理性,但是决不能得到苏格拉底有理性。而要得到苏格拉底有理性,必须断定苏格拉底是人,也就是必须补充苏格拉底是人这个小前提,这样才能从"凡人皆有理性"、"苏格拉底是人"这两个大小前提,得出"苏格拉底有理性"这一结论。这说明三段论中的小前提是不能缺少的。穆勒的反对者,当时就指出穆勒不要小前提,但穆勒说他没有反对小前提,因为苏格拉底事实上是人。穆勒说的理由正是表明他是认为可以不要小前提的,他用事实上苏格拉底是人来代替思维中的断定,这是错误的。思维中的判断和客观中的事实,这两者虽然有联系,但是有十分明显的区别。客观上的事实是我们判断的基础。客观上苏格拉底是人,我们可以作出思维上的断定,即苏格拉底是人。客观上铁是金属,我们可以作出思维上的断定:"铁是金属"。这是判断和事实一致的方面,也就是判断要根据事实来作。但是,另一方面判断和事实是两个不同的范畴,客观上存在的事实,思维上可以断定,也可能不断定。人类认识史上,常常由于各种原因,产生主观与客观不一致,也就是客观上铁是金属,而思维中却没有断定铁是金属。正如地球在客观上,早就是椭圆的,但人们长时期没有作这样的断定,而说天圆地方。可见客观事实如何,和思维上是否断定的区别,是不能混同的。穆勒把两者混为一谈,用事实上如何来代替思维中的判断，是穆勒否定三段论的又一个表现。

四

　　三段论在历史上常受到的责难是：如果三段论的结论包括在前提中，就得不到新的知识，是无效的推理；如果三段论的结论不包括在前提中，就是预期理由，也就是丐词。穆勒认为这两种看法，都是皮相之见，只要加以深入的研究，就会发现三段论是一种真正的推理。它既能推出新知识，又能避免预期理由。下面我们看穆勒是怎样解释的。

　　一般人之所以把三段论看作无效推理或者看作预期理由，都是错误地理解三段论大前提的结果。穆勒说，三段论大前提是归纳的结论。其中包括两个部分，一个是推理部分，一个是实例的记录部分。人们往往把推理部分的作用归之于记录部分，使三段论处于上述两难之中。于是穆勒就对三段论进行归纳的分析。他说三段论推理并非像一般逻辑学家所认为的那样，是一般到特殊的推理，而是从特殊到特殊的推理。"凡推籀之事非由公以及专乃用彼以推此皆本诸睽孤之事微所谓普及者也。"① 表面上"凡人皆有死，威林顿是人，所以威林顿有死"，这个三段论，它的结论是从凡人皆有死来的，其实不然。穆勒说威林顿有死这个三段论推理的结论，绝不是从凡人皆有死这个一般命题得来。"然则吾为威之有死，其所据以为断者，正存约翰、妥玛诸人之所已验者，外此吾诚不知其何据也。此

① 《穆勒名学》，生活·读书·新知三联书店 1959 年版，第 153 页。

与设为公词先言凡民有死者，其所据之确凿实无毫发之差。"①
这就是说，我们看见了约翰、妥玛等人曾经是活着，而现在都
已经死了，从这些实例直接推出威林顿有死。这样三段论推理
就不是从一般到特殊，而是由特殊到特殊的推理。这种推理与
三段论推理"凡人皆有死，威林顿是人，威林顿有死"在逻
辑上的根据是相同的，没有分毫差别。

穆勒认为大前提"所据者不逾于见闻，不得谓转为公词
而所据乃弥确"②。这点基本上已在前节讨论过了。现在就可
以把穆勒关于三段论的思想，作如下的比较和分析：

（1）三段论

　　　大前提 MAP：凡人皆有死，

　　　小前提 SAM：威林顿是人，

　　　结　论 SAP：威林顿有死。

（2）穆勒所解释的三段论

大前提：我的父亲、我父亲的父亲、甲、乙、丙等及无数
其他人都有死，

　　　小前提：威林顿正像上面说明的其他人，

　　　结　论：威林顿有死。

（3）穆勒三段论的归纳形式

前提：我的父亲有死，

　　　我的父亲的父亲有死，　　⎧ 我的父亲、我父
　　　甲有死，　　　　　　　　⎨ 亲的父亲、甲、
　　　乙有死，　　　　　　　　⎩ 乙等人及无
　　　……　　　　　　　　　　 数其他人都有死。

---

① 《穆勒名学》，生活·读书·新知三联书店 1959 年版，第 154 页。

② 同上。

<u>　　　　威林顿正像上面所说的人，</u>

结论：威林顿有死。

（1）是我们所说的三段论，有也只有三个命题组成，它有也只有三个词项。前提中出现大项的命题，就是大前提，出现小项的命题是小前提。中项在前提中出现两次，以确定小项和大项的联系。从前提得出结论具有逻辑的必然性。

（2）穆勒所解释的三段论，大前提是各个单称命题的合取，和其他人都有死，共两部分。小前提威林顿和其他人相似，表明两个属性之间的相似关系。这样的推理，它超过三个命题，也不只是三个词项。因此，完全破坏了三段论的形式。

（3）穆勒取消了大前提，从而把"三段论"变为由特殊到特殊的归纳推理。这样，穆勒认为他的三段论，就能推出新知识，就没有预期理由。这里应当说明，穆勒所说由特殊到特殊的归纳推理，实际是类比推理。虽然类比推理和归纳推理也有相同之处，它们的结论都超出了前提断定的范围，前提到结论的联系也是或然的。所以把类比推理包括在归纳里也是可以的。但是归纳推理一般说是由个别的事物或现象推出该类事物或现象的普遍性特征的推理。而类比推理的前提和结论或者都是个别事物的命题，或者都是一类事物的命题，它是一种由个别到个别的推理，或者是一种由一般到一般的推理。可见，类比推理和归纳推理是有区别的。这一点说明之后，下面我们仍按穆勒的说法，称为归纳。

穆勒说，他作归纳分析后的三段论（3）和（1）的三段论，在逻辑根据上相同，没有分毫差别。这种看法，无论在认识过程中，或者在推理形式上，都是不符合事实的。

人们的认识过程或者是由个别的、特殊的事物，逐步地扩大到认识一般事物。或者以一般的认识为指导，进而认识当前的较具体的事物。在这两种认识过程中，相应地产生了归纳推理和演绎三段论。归纳推理由个别特殊的前提概括出一般性的结论。演绎三段论由一般性的认识，进而认识较小的一般性或具体事物。是在人类认识过程中，具有不同特点的两种推理形式。

归纳推理在人们的认识中是不可缺少的，人类在认识自然和社会的历史过程中，借助归纳推理，扩展了科学知识，借助归纳推理，获得了生活经验。但是穆勒从这里夸大了归纳法的作用，认为一切推理都是归纳，把演绎三段论也分析为归纳，从而用归纳吞并了演绎三段论，抹杀了归纳推理和演绎三段论的区别。

事实上，归纳推理从前提到结论是一种或然性推理。当人们归纳出所有金属皆导电时，我们只是说，直到现在为止，我们所知道的所有金属而已。在归纳过程中，我们无法穷尽一个类的所有个别事物，因而"每一种归纳总是不完备的"①。黑格尔曾经说："归纳推理本质上是一种尚成疑问的推理。"② 事实也是如此，至今归纳还没有能总结和提供出一套可供利用的有效的推理规则。演绎三段论却不同，从前提到结论，它有一套严格的推理规则，使推理过程具有逻辑的必然性。正如恩格斯说："如果我们有正确的前提，并且把思维规律正确地运用于这些前提，那末结果必定与现实相符……"③ 穆勒把三段论

①　黑格尔：《小逻辑》，第 372 页。
②　恩格斯：《自然辩证法》，第 205 页。
③　《马克思恩格斯全集》第 20 卷，人民出版社 1971 年版，第 661 页。

这个具有必然性的推理形式，和或然的归纳推理等同起来，把演绎和归纳混淆不分，并说它们在逻辑根据上相同，没有丝毫差别，不能不说是逻辑思想上的一种倒退。三段论推理形式是穆勒的感觉经验所否认的。但却客观地存在于人们思维之中。人们的思维活动，可以有非常不同的具体内容，然而却存在着某种共同的形式和关系。人们从许多具体内容不同的三段论推理中，抽取出共同的推理形式。例如：MAP，SAM，所以SAP。三段论推理形式是暂时抛开了许多具体内容而相对独立的。正像数学一样，抛开自然界中许许多多客观事物在质的方面存在的不同，抽出它们一定的空间形式和数量关系，"这样，我们就得到没有长宽高的点，没有厚度和宽度的线，a 和 b 与x 和 y，即常数和变数，……"[①] 三段论就是抛开了思维的具体内容，总结出的逻辑形式。这个逻辑形式的正确性已是实践证明了的。列宁曾正确地指出："人的实践经过千百万次的重复，它在人的意识中以逻辑的格固定下来"，"最普通的逻辑的（格）……是事物的被描绘得很幼稚的、最普通的关系"。[②] 因此，三段论推理形式是一种科学的抽象，反映着思维内部的固有规律。

穆勒否定三段论，否定三段论的形式必然性，完全是主观唯心主义经验论和全归纳原则决定的，也是毫不奇怪的。

从逻辑史上看，关于归纳和演绎的作用及其相互关系，由于科学发展所处的不同水平，以及由于人们哲学观点的不同，在马克思主义以前，产生了重演绎，不重归纳的演绎派，也产

---

① 恩格斯：《反杜林论》，人民出版社 1970 年版，第 35 页。

② 列宁：《哲学笔记》，人民出版社 1958 年版，第 204、162 页。

生过重归纳轻演绎的归纳派。重演绎的学者把演绎看作认识的唯一方法，归纳不过是演绎的变形。重归纳的，则把归纳看作探求真理的唯一方法，把演绎看作是归纳的过程。穆勒是一个全归纳派，三段论在他那里被改造成归纳推理，归纳消融了演绎，一切推理都是归纳，主观唯心主义经验论把穆勒的逻辑思想推到了极端可笑的地步。

辩证唯物主义认为归纳和演绎不是截然分开的，而是相互渗透，相互补充的。归纳为演绎准备了条件，演绎给归纳提供了根据，二者是相辅相成的。恩格斯指出："归纳和演绎，正如分析和综合一样，是必然相互联系着的。不应当牺牲一个而把另一个捧到天上去，应当把每一个都用到该用的地方，而要做到这一点，就只有注意他们的相互联系，它们的相互补充。"① 恩格斯精辟地论述了归纳和演绎的辩证关系，这对我们研究穆勒的逻辑思想，有着重要的指导意义。

（原载《逻辑学论丛》，中国社会科学出版社 1983 年版，第 197—214 页。）

---

① 恩格斯：《自然辩证法》，人民出版社 1971 年版，第 206 页。

关于穆勒归纳法中概率的思想

在 1843 年穆勒所写《逻辑体系》的归纳法一卷中，在阐述了科学实验研究的四种方法之后，穆勒用了两章的篇幅来讨论概率问题，也就是第 17 章关于"偶然性及其消除"和第 18 章关于"概率的演算"。穆勒的归纳法思想，大家知道得很多，在普通的逻辑教科书中都有介绍，也就是有名的"穆勒五法"。而穆勒归纳法中的概率思想则往往没有受到人们足够的重视，这对归纳逻辑的发展来说，显然是不公平的。

事实上，穆勒之后的一些逻辑学家重视归纳，重视概率，重视归纳和概率的关系，不能不说是和穆勒的影响分不开的。在今天，概率逻辑的发展以及归纳逻辑的一些形态，都和概率的研究有关。因此，穆勒的概率思想应当得到恰如其分的评价。下面我们就对穆勒怎样从科学实验研究的方法即归纳法中导出概率的思想、概率的计算以及对穆勒的概率理论作一些介绍和分析。

一

在逻辑的发展史上，演绎逻辑要求建立前提蕴含结论的关系，也就是要求从真的前提得到真的结论，保证思维形式具有逻辑的必然性。随着演绎逻辑的发展，人们自然就会想到如何找到演绎逻辑的大前提，也就是人们如何从个别性的经验上升到普遍原理，从在有限的时间和空间中获得的感性材料概括出一般性的规律，进而为演绎逻辑提供前提。因此，归纳法就是要在观察到的知识和未观察到的知识、经验材料和理性认识之间建立正确的逻辑关系，寻找逻辑推理的基础。而研究归纳法的人，则往往以演绎逻辑为典范，追求从前提获得结论的必然的逻辑关系。他们讨论归纳问题的时候，往往只从演绎逻辑的角度去考察，也就是在逻辑上只考虑如何得到实然命题、必然命题的结论。有的逻辑学家虽然也考虑如何得到或然命题，即从或然推理的角度去考察，但都没有考察或然结论的概率。亚里士多德认为不完全归纳法的结论是或然的，但他并没有进一步研究如何确定或然性，特别是用量来测定或然程度。培根倡导归纳法，他强调归纳法所得出的结论必须进一步通过观察和实践来证实。培根看到了归纳法自身不能说明结论是否可靠，于是借助归纳法之外的手段来解决。显然培根也没有提出研究归纳结论可靠性程度的问题。这种归纳和概率各不相干的情况，在历史上曾长期存在着。从亚里士多德提出归纳到穆勒已有二千多年，17世纪数学家提出概率论到穆勒有一个多世纪，但在穆勒之前，归纳和概率并没有因此相互结合并使归纳法的研究进入一个新的阶段。这种状况至今在国内的逻辑教科书上还有所表现。比如说有的逻辑教科书虽然在归纳法部分用专章论述了概率和统计，但往往没有揭示归纳和概率的内在联系。显然，概率没有被应用于归纳并使归纳更精确。国内逻辑教科书也没有说明用归纳来形成各种概率会使归纳更丰富。穆勒在这方面是有所贡献的。正是穆勒从归纳出发引出了概率，使归纳和概率相结合，发现了归纳和概率的内在联系。

穆勒由建立科学归纳法导致对概率的研究，并不是偶然的。穆勒是归纳主义者，他把演绎逻辑也作了归纳的解释，提出全部推理的形式在实质上都是由个别到个别，演绎推理的大前提不过是过渡的中间命题。他夸大了归纳的作用，认为归纳不仅是发现的逻辑，也是证明的逻辑。穆勒在建立科学实验方法时和培根一样，是以批判原有的完全归纳法和简单枚举归纳法为前提的。穆勒认为完全归纳法不能算推理，因为它的结论没有增加什么新知识，而简单枚举归纳法缺乏坚实的根据，推出的结论是不确定的。穆勒竭力按照演绎三段论那样，在归纳领域建立由前提到结论的逻辑必然联系。他说归纳所要求的就是像三段论那样的一些规则范例，我们按照这些规则范例进行推论，所得论断就可以确凿无疑。其实归纳的任何规则都不能保证由真的前提得出真的结论。事实上，穆勒要建立归纳证明的设想是不可能实现的。穆勒要求归纳像演绎那样，能确保由前提到结论具有逻辑的必然性，这是办不到的。就以他认为最可靠的差异法来说，要求正面的场合和反面的场合只有一点不同，在实际上是很难做到的。既然是两个不同的事例，两者就至少在空间和时间上不同，加上正面场合往往还遗漏反面场合所没有的其他事项，因此差异法的结论也是不可靠的。这样，穆勒要建立的归纳证明就不能不到处碰壁。

穆勒从归纳中提出概率的思想是从求同法开始的。穆勒指出，求同法假定了某类现象的全部事例存在因果联系，没有反例出现；同时假定了每个事例中存在的有关事项没有被遗漏。而实际上单凭人们有限的经验观察，是不可能穷尽一切的。特别是求同法还假设被观察的现象都是一因一果，而在事实上却存在着原因的多元性。穆勒认识到求同法所得的结论是不可靠的。问题很明显，某一特殊类型的现象在不同的场合可能是不同原因的结果。例如在求同法的图式中：

事例	先行事项	现象
（1）	A B E F	a b s
（2）	A C D	a c d
（3）	A B C E	a f g

A 是 a 的原因

显然，有可能在事例（1）和（3）中 B 引起 a，而在事例（2）中 D 引起 a。既然存在着原因的多元性，A 引起 a 就只是或然的。那么在求同法的范围内是否可以达到结论的确定性呢？穆勒认为随着实例数量的不断增加，如果都能表明 A 是 a 的共同前项，那么这个方法的不确定性，就会愈来愈减少，而 A 和 a 之间有某一定律存在，也就愈来愈接近于确实了。于是穆勒提出，要探讨在多少经验实例的基础上，就可以认为实际已经达到这种确实性：A 和 a 两个现象之间的联系并非偶然。这就是说，穆勒看到了所得经验实例的数量和所得结论的确实性存在着相互依存的关系。实例数量愈增加，原因多元的可能性就愈减少，而结论的确实性就愈提高。"穆勒提到，估计多因性存在的可能性是概率论的一种功能；他还指出，对于一定的相关来说，这种概率由于包括另外一些事例在内而降低，在这些事例中事项更为多种多样，而这种相关仍然存在。"①

在此以前，穆勒把他的归纳法看作证明的逻辑，要求它有和演绎相同的逻辑必然概念，现在穆勒把归纳中的求同法和逻辑的或然概念联系起来了。这说明穆勒认识到在归纳中从真的

---

① 约翰·洛西：《科学哲学历史导论》，华中工学院出版社 1982 年版，第 156 页。

前提出发不一定能得到真的结论，由确定的前提推不出确定的结论。因此，他在求同法中把增加实例的数量和结论的可靠程度联系起来，并进一步引进概率的方法，计算可靠性的程度。这样，穆勒在演绎的必然性逻辑概念之外，提出了表示归纳中或然性的概率的逻辑概念。

穆勒在归纳法中引进概率的方法，如同在演绎逻辑中运用数学的方法一样，其意义是不能低估的。穆勒和布尔、德摩根是同一时代的人，布尔和德摩根在演绎逻辑方面注意到有些逻辑规律和普通代数的某些公式在结构上具有相似的性质，从而导致布尔代数和德摩根定理的建立。这些说明，用数学方法来研究逻辑问题，在当时已经显示出它的生命力。由于穆勒持有归纳主义的偏见，对用数学方法处理演绎逻辑方面的问题，他的态度是淡漠的，不以为然的；而在归纳方面他却积极地引进了概率的方法，这无疑是应肯定的。

二

穆勒建立科学实验的方法，主要是为了探求现象之间的因果联系。他认为科学发现就是揭示事物的因果规律。因此，穆勒在归纳法中应用概率方法主要也是服从于探求事物的因果联系这个目的的，特别是他用概率的计算探求多重因果性，探求诸原因对结果的概率。穆勒详细地研究了多重因果性问题。他认为多重因果会引起两种不同的结果：一种是各个结果互相并存；另一种是各个结果混合在一起。后者又分为两种情况：（1）每一个单独的原因都分别起了作用，导致加强或取消了一些结果；（2）多重原因导致性质上不同的结果组合在一起。

穆勒就是用计算概率的方法在多重因果中计算不同的原因和各结果的概率。他列举的计算方法有：

1. 在各个互相并存的现象中，通过计算各现象的概率，发现原因。穆勒把归纳概率的计算和经验概率的计算结合起来，相互对照，发现问题，从而探求事物的原因。例如：

如果现象 A 在每两个情况中出现一次，现象 B 在每三个情况中出现一次，那么现象 A 和现象 B 将在几个情况中同时出现一次？在这几个情况中，A、B 都不出现，或 A 出现而 B 不出现，或 B 出现而 A 不出现，又各有几次呢？

（1）AB 都出现，即 AB $\dfrac{1}{2} \times \dfrac{1}{3} = \dfrac{1}{6}$

（2）AB 都不出现，即 $\overline{AB}$ $3 \times \dfrac{2}{3} = 2$

（3）A 出现而 B 不出现，即 $A\overline{B}$ $3 \times \dfrac{2}{3} = 2$

（4）B 出现而 A 不出现，即 $B\overline{A}$ $3 \times \dfrac{1}{3} = 1$

穆勒并不停留在归纳概率的计算上，因为这是理论上抽象计算的可能。他还从实际观察到的材料中，计算经验概率。穆勒认为，假如在事实上，我们发现每 6 次之中，A 和 B 同时出现不止一次，从而 A 出现每 3 次而无 B 不到 2 次，B 出现每 2 次而无 A 也不到 1 次，这样就使实际观察的概率和上述理论上的计算产生差异，从而可以肯定必有某种原因助长了 A 和 B 结合的机会。

2. 在原因合成中，每个单独的分原因都加强或取消了一些结果，通过测定这些结果来计算其原因的分量。如引起结果的原因是合成的，其中一个原因是固定的，起的作用大；另一些原因是偶然的，变化不定的，起的作用小。在这种场合下，穆勒称之为用求中数和平均数的机会排除法，即求固定的原因，消去偶然可变的原因。例如，随着地面离太阳的远近不同，每年有春夏秋冬的变化，而气温除了受季节的影响外，又不能不受到风力、云雾、蒸发、电的作用而变化。因此造成气温高低的不是一个单一的原因，而是一个合成的原因。在合成原因中，地面离太阳的远近是固定的不变原因，其他如风力、云雾等是可变的原因。这样一个固定不变的原因所起的效果，常伴随着许多可变的原因，这时就很难单独加以考察，只能通过求中数和平均数，消去偶然的原因。例如进入夏季每天的平均气温为：

6月	1	2	3	4	5	6	7	8	9	10	11	12	13	14	15
温度	22	23	21	24	25	22	23	24	23	22	21	23	24	25	21

半月的平均气温是：

$$\frac{22+23+21+24+25+22+23+24+23+22+21+23+24+25+21}{15}=\frac{343}{15}=22.9$$

这样就能发现进入夏季的气温，摇摆于一定点的周围，这个平均数和中点是比较稳定不变的，这就把所有可变的各种各样的原因一起排除出去，也就是穆勒所说的机会排除法。

穆勒还指出，将理论计算上的平均数和实际记录所得的平均数相对照，可以探求现象的原因。例如掷骰子，只要经过适当次数的抛掷试验，到了再继续掷下去不至于对那个平均数有重大影响的时候，如果发现某个点数来得特别多，我们就有把握断定有了某种固定不变的原因对某个点数起着特别的作用，从而探求出这一现象的原因是在骰子里填了铅。

3. 多个原因分别产生相同的并列的结果，求各原因对各结果的概率。假定我们要说明一个效果,已知有几种原因都可以产生这个效果,但是在某个特殊的实例中,究竟是哪一个原因起作用,却毫无所知;在这种情况下,这些原因当中的任何一个产生这个效果的概率,便等于这个原因的前率乘以该原因出现时可以产生特定效果的概率。

假如 M 是结果,A、B 都可以是产生 M 的原因,则有以下几种情况:

(1) 假如 A 的原因二倍于 B 的原因,则 A 可能产生 M 的情况就是 B 可能产生 M 的 2 倍。

(2) 假如 A、B 原因概率同等存在,产生效果 M 的可能性不相等。如果 A 出现的 3 次中有 2 次产生 M,而 B 出现的 3 次中只有 1 次产生 M,因为 A、B 前率相等,产生效果的可能性不相等,这样在 6 次情况中 M 只能产生 3 次,其中有 2 次是 A 产生的,1 次是 B 产生的。

(3) 假如原因 A 的出现次数 2 倍于原因 B,原因 A 出现 4 次可产生 2 次 M,原因 B 出现 4 次可产生 3 次 M,产生 M 的概率为 2 对 3,这两个比率相乘之积为 4 对 3 之比。A 的概率次数等于 B 的 2 倍,12 次实例中 A 出现 8 次,产生 M 4 次,B 只出现 4 次,产生 M 3 次,A 和 B 产生 M 概率为 4 对 3,即 $\frac{4}{7}$ 和 $\frac{3}{7}$。

从以上介绍看来,穆勒把概率运用于几个不同的方面。一种是直接运用于具体的事件上,计算各种随机现象,形成概率命题。如 A 和 B 同时出现的概率,A 出现 B 不出现的概率,A 和 B 都不出现的概率等。另一种是把理论上的概率计算和实际经验概率的计算相比较，从中发现问题。穆勒正是用这种对照方法探求因果联系，如推测骰子中是否填铅等。再一种是用概率来研究整个归纳推理，研究从前提到结论过渡的概率，也就是研究概率推理。穆勒在求同法的基础上提出了这个问题，由于他是归纳主义者，过分夸大归纳，要求归纳起证明作用，因此他研究概率的重点没有放在整个归纳推理的形态上，也正是在这个重要方面他进展极少。

三

要弄清穆勒的概率思想，就不能不从他的哲学理论说起。穆勒继承了贝克莱和休谟的唯心主义哲学路线，只相信主观经验。他断言人们只能认识现象，而认识现象就是认识自己的感觉经验，除了感觉的真实性之外，在我们的经验中找不到也不可能找到任何其他的真实性。穆勒认为物质不过是产生于经验的感觉的恒久可能性，是后天获得的信念，是观念联想的结果。他和贝克莱也有不同，就是穆勒在感觉经验之外还肯定存在一个不可知的外在世界。穆勒说关于外在世界除了我们自己所经验的感觉之外，我们毫无所知，也绝不可能获得任何知识。

可见，穆勒一方面肯定认识不能超过感觉经验，另一方面又肯定在感觉经验之外，有一个不可知的外在的"自在之物"，这表现了穆勒在哲学上不仅是唯心主义经验论，还兼有康德不可知论的特点。

穆勒的这个哲学观点是他的经验主义概率理论的基础。他认为并不存在偶然性，就每一个现象来说都不能是偶然的，事实上出现的任何东西，总归是出于某种定律的结果，也就是某些原因的效果。甚至我们在打牌时，我们随便抽出一张牌似乎很偶然，但实际上是由这张牌在整个一束牌里面的位置造成的。这束牌的每一张的位置又决定于前次洗牌时互相掺杂的方式。可见抽出这张牌并不是偶然的。穆勒认为每一个现象本身都是被确定了的。那么穆勒是怎样提出偶然性的问题呢？他说，一个随机出现的偶然事变，最好称为一种巧合，但是没有根据从它推出任何齐一性或规律；这就是说，在某种情况下，出现了某一现象，我们找不出一点理由可以推定它在同样情况下将会重新出现。这种现象跟大部分环境因素都没有固定联系。这个事变是单纯偶然的效果。这就是说，随机出现的偶然事变，是一种巧合，它是没有规律可循，也是不服从自然齐一性支配的。既是巧合，何时何地再现这种情况，是没有任何理由可以推断的。

那么什么是概率呢？穆勒强调说："我们必须记住，一个事件的概率不是这一事件本身的一种性质，而是用来表示我们或其他一些人期待它出现的一种性质，而是用来表示我们或其他一些人期待它出现的理由的程度的一个名字。"[1] 这里可以看到两点：（1）穆勒认为概率不是事物的概率，概率与事物的性质无关，不同的概率不给事物本身造成什么差异。（2）穆勒所说的概率是指人们心理上的一种期待，属于人们主观认识的概率。因此，不同的人具有不同的情绪，对于同一个事件可以形成不同的概率；不同的人对于同一事物有不同的知识，就有不同的概率。这里，穆勒同意拉普拉斯所说的：

---

① 金岳霖主编：《形式逻辑》，人民出版社1979年版，第341页。

"所谓概然性或概率，其所意味的不过是我们一部分愚昧无知，一部分又略有所指。"

显然，穆勒的概率思想是片面的。事实上存在着两种既相联系又相区别的概率。一种是事物的概率，它独立于人们的意识之外，存在于客观世界之中。当我们多次观察自然现象后，会发现许多事件在一定条件下是有规律的、必然会发生的，但也有许多事件没有这样的规律性和必然性。如一条河流每年出现洪峰的时间和最大洪水的流量，某城市一年有几次暴雨，每一个豌豆荚中有几颗豌豆等，都是如此。穆勒不承认事物的偶然性，不承认事物的概率，是唯心主义的形而上学的表现。

另一种是认识的概率，人们在认识过程中，对于同一个事件由不知到知，由知之甚少到知之甚多，从而形成不同的认识概率。这种情况确实存在于人类的认识史上。但是我们也不能不看到，人们的认识是客观事物的反映，认识的概率是事物概率的反映，这表现了认识概率与事物概率的联系。穆勒说，如果告诉某人已进入肺病第三期，表明人们提高了对于肺病导致死亡的认识概率。现在我们就来分析这个事实。如果说认识某人肺病进入第三期而提高了死亡的认识概率的话，那么这个认识概率是客观上肺病病人将要死亡这个事物概率的反映。这是由于事物本身发展变化的结果而造成不同的事物概率，从而再影响到人们的认识，产生不同的认识概率。也可能该事物本身没有变化，由于不同的人有不同的认识，或同一个人由于认识阶段的不同，产生了不同的认识概率。穆勒夸大了这种情况，形而上学地割裂了事物概率和认识概率的联系，把一切概率都简单地归结为人们主观上的认识概率，显然是十分片面的。

　　穆勒的经验主义概率理论还表现在对待理论概率和经验概率的关系上，他偏重于经验概率的计算和研究。像忽视和否认演绎逻辑的抽象形式一样，穆勒并不重视理论概率的系统研究。概率的数学理论在 17 世纪经帕斯卡和费马的工作已经发展为有力的科学工具，后来形成了概率演算的公理系统。穆勒并没有重视这个发展，用它来充实和扩展经验概率的研究，相反他闭门自守，囿于经验主义的成见，对概率不作深入的理论探讨。如经验概率在有穷的范围内要测试多少次，才能有一个逻辑上合理的限度，能否说经验地给予的概率是命题的归纳证据，用穆勒自己的话来说，就是投掷骰子到多少次就不致对平均数有重大影响，从而产生一个稳定的概率，对于这些问题穆勒没有从理论方面加以探讨。显然经验概率是不能代替精确的数学规则的，如无限大测试的值和任何有限的数值之比，其或然性有几许差异，可能的概率是否就一定比不可能的概率为高；又如经验概率与理论概率的区别和联系，概率的公理系统和解释之间的关系，等等。因此穆勒的概率思想就只能停留在零星片断、不成系统的阶段，就只能停留在古典的归纳逻辑范围内。这是它的简单性和素朴性的表现。

　　公元前一、二世纪的哲学家们早就提出了有关或然性程度的理论。他们认为在得不到确实可靠的知识时，或然性理论使我们感到某些东西要比别的东西更近乎真实，它可以指导我们实践，指导我们生活。因为在各种可能的假设中，按或然性最大的一种行事是合理的。到了穆勒，在归纳法中把或然性程度和概率相联系，推动了概率逻辑的发展，使或然性理论达到一个概率的新阶段。但由于他的经验主义思想，使得他虽然引进了数学方法，而所取得的成果始终无法和演绎逻辑相比拟，这也是很显然的。

（原载北京市逻辑学会编《归纳逻辑》，中国人民大学出版社 1986 年版，第 181—191 页。）

关于 J. S. 穆勒的逻辑观

——从不矛盾逻辑到真理逻辑

到了近代，资本主义的发展，科学技术的进步，自然科学实验方法的兴起，要求有新的思想工具和逻辑方法。弗·培根顺应时代的潮流，总结自然科学和技术发明的经验，和中世纪世俗文化遗留下来阻碍社会发展的各种教条和思想桎梏进行勇敢的斗争，提出了改造逻辑的要求。弗·培根所著的《新工具》，一方面对以三段论支配一切的传统逻辑进行批判，另一方面提出建立以归纳法为主的新逻辑。一百多年之后，其中经过赫歇尔、惠威尔等对归纳法的研究、补充和发展，有了一定的进步。但是归纳逻辑始终没有能在逻辑科学中定位。正是穆勒在这方面作出了他的贡献。

J. S. 穆勒（1806—1873）在他 1843 年出版的巨著《演绎和归纳的逻辑体系》，副标题为"证据的原理和科学研究方法的系统叙述"中（以下简称《逻辑体系》），以新的面貌把古典归纳逻辑和古典演绎逻辑容纳于一个体系之中，确定了古典归纳逻辑在逻辑科学中的地位。穆勒的《逻辑体系》在他生前出版达 8 次之多，正如逻辑史学家亨利希·肖尔兹所说："穆勒的形式逻辑学说产生过很大的影响。"[1] 这种很大的影响

---

① 亨利希·肖尔兹：《简明逻辑史》，商务印书馆 1977 年版，第 21 页。

是世界性的，我国由于严复的翻译①，自然也不例外。严复不仅翻译名学，而且开名学会，讲解名学，使名学"一时风靡"。因此，弄清穆勒的逻辑观是有意义的。

一

　　穆勒《逻辑体系》所形成的逻辑观，是他和当时的逻辑学家在争论中确立的。威廉姆·哈密尔顿坚持说，逻辑是关于"思维形式规律的科学"。显然，就不包括归纳逻辑在内。穆勒认为归纳逻辑是科技发展和社会进步所必需的。形式逻辑研究有效的推理形式可以很好地推理，但没有科学知识，思维形式上的正确，并不能带来真正的说服力。形式逻辑它不问真理的内容和条件，只注意和考虑首尾一贯的不矛盾性，所以只能称为"不矛盾逻辑"。穆勒自己要建立的是认识自然和社会的"真理逻辑"，"真理逻辑"包括了"不矛盾逻辑"，是一个更宽广的研究领域。穆勒说："逻辑是研究人类知性在追求真理时的活动的科学，凡是有助于审核证据的理智活动它都该研究，换言之即研究出已知的真理达到未知的真理进展过程本身，以及对这一过程有辅助作用的一切其他理智活动的科学。"② 这就是穆勒把不矛盾逻辑扩展为真理逻辑的一个阐述。

　　形式逻辑作为不矛盾逻辑和穆勒扩展的真理逻辑是什么关系？穆勒认为是整体和部分的关系，不矛盾逻辑是部分，真理逻辑是整体。在由已知真理达到未知真理的进程中，需要运用

---

① 严复翻译为《穆勒名学》。
② 参见穆勒《逻辑体系》绪论第 7 节（英文本），伦敦汉森公司 1911 年版。

正确有效的推理形式,使真的前提得到真的结论,因此是真理逻辑不可少的组成部分。在求得真理的过程中有很多组成部分,如观察、分类、实验、正名、判断等,运用正确有效的演绎推理形式,仅是其中的一个环节。按照形式逻辑进行演绎,从一些笼统的不科学的命题作推理,就能要证明什么,就能证明什么,虽然保持了首尾一贯性,但并非就是真理。当然,一个思想不能首尾一贯,甚至和其他真理相矛盾,是决不会与真实相符的。所以,穆勒认为研究思维形式规律包括在研究真理逻辑之中,真理逻辑是整体,不排斥和否定不矛盾逻辑,而是包括在整体之中,部分不能代表整体,而整体包括了部分。穆勒说,形式逻辑"实则它不过是其中一个很小的从属部分",又说"照我的理解,逻辑学就是我们研究核定由推理得来或推断而知的真理整个的理论"①。

二

穆勒说:"逻辑是推理的科学。"他正确地把研究推理作为逻辑科学的主要任务,但是有哪些推理是有不同意见的。不矛盾逻辑只研究演绎推理,真理逻辑既要研究演绎推理,重要的是还要研究归纳推理。正是这样,穆勒的《逻辑体系》把归纳推理和演绎推理并举,作为逻辑推理的两个部分加以阐述。穆勒指出,人们对推理的一种看法是由一般到特殊的推理方式,这是威廉姆·哈密尔顿等人的看法。但是也

---

① 参见穆勒《逻辑体系》第 2 卷第 3 章第 9 节(英文本),伦敦汉森公司1911 年版。

有另一种看法，就是由特殊到一般的推理，从已经承认的一些断语引出另一断语。在这个意义中，归纳当然就可称为推理。穆勒在推理分归纳和演绎两种中说："如果结论的一般性比较和最大的前提还要大，这种通常称做归纳推理，如果结论的一般性较小，或具有同等的一般性，即就称做演绎推理。"① 不矛盾逻辑不包括归纳推理，真理逻辑包括了归纳推理。

穆勒的《逻辑体系》在阐述推理时，首先介绍了演绎三段论，并不否定三段论的作用和价值。这和弗·培根对三段论的态度是不完全相同的。弗·培根批评演绎三段论只开花不结果，不能认识自然，通过三段论推演，由一般发展出各种结果，只能把那些谬见更加固定化和扩大化，并不能把真理之路开辟出来。因此，弗·培根竭力排斥三段论法，这是大家知道的。穆勒不否定演绎三段论是基于把逻辑区分为推理科学和推理艺术，他所肯定的是作为演绎三段论的推理艺术方面。在《逻辑体系》的绪论中，穆勒说很多现代哲学家对于三段论艺术怀有轻视之意，但是他并不同意这种看法。所以在《逻辑体系》第 2 卷第 1 章"论演绎或三段论式推理"中阐述了"一个合法的三段论式必须有三个命题……最要紧的是一个三段论式只能有三个名词，中词必须出现于两个前提之中，因为正是靠着中词才能把其他两个名词联系起来"，他说三段论的格，"是一切正确有效的推理，凡是从先前已经承认过了的一般命题出发，得出一般性相等或一般性

① 参见穆勒《逻辑体系》第 2 卷第 1 章第 3 节（英文本），伦敦汉森公司 1911 年版。

较小的其他命题的推理，都可用上述各种形式当中的某一种表示出来"。① 穆勒肯定三段论是有效的推理形式，靠中词把大词和小词联系起来。穆勒把三段论推理放在归纳推理的前面，是因为演绎三段论在没有任何真正的知识时，任何人都可以作这种推导，不需要任何知识准备。这里穆勒正确地把推理的内容和有效的推理形式区别开来。所以逻辑史学家威廉·涅尔等在所著的《逻辑学的发展》一书中说："但在处理名称、命题和推理的前两卷中，穆勒对形式逻辑作了系统说明，而不是像他的大多数经验主义的前辈所做的以较轻蔑的态度取消它。"②

　　有些学者因为不了解穆勒把三段论区分为理论和艺术两方面，产生了种种误解。一种是认为穆勒全面否定了演绎三段论，上面的介绍，就是为了说明穆勒并不全面否定演绎三段论。另一种则认为穆勒并没有不重视演绎三段论，所以说穆勒是全归纳派是片面的，这点将在下面加以说明。

　　对于归纳逻辑，穆勒继承了弗·培根的思想，但是在弗·培根之后大约一两百年时间里，虽然有一些科学家如约翰·赫歇尔对归纳有许多阐述，但无论弗·培根的三表法，还是约翰·赫歇尔的九条规则，始终都偏重于归纳方法的研究，没有能抽象出逻辑的框架，总结出归纳推理的形式。穆勒吸收了弗·培根到约翰·赫歇尔等在归纳方面的精神财富。经过他自己的整理、总结、补充和完善，归纳逻辑在系统化、规则化和

---

　　① 参见穆勒《逻辑体系》第2卷第2章第1节（英文本），伦敦汉森公司1911年版。

　　② 威廉·涅尔等：《逻辑学的发展》，商务印书馆1985年版，第476页。

程式化方面，大大地向前推进了一步，正是穆勒把归纳逻辑纳入了逻辑学体系。

穆勒给予归纳推理的任务是发现和证明一般性命题，或从小的一般性命题发现和证明大的一般性命题。他说归纳推理要从已知的真理推出未知的真理，是一种获得新知识的方法。穆勒的这个思想，是为他提出的以归纳逻辑为中心的逻辑体系服务的。因为只有归纳推理才能满足推出新知识的这个要求，这是"真理逻辑"的标准部分。为了强调归纳推理要有新知识，他明确指出以前的所谓完全归纳法，它的结论只是前提的综述，没有增加新的知识。如考察了每一个行星自身不发光，而借太阳发光，从而得出所有行星都不发光，这个推理没有增加新知识，算不上真正的归纳推理。

穆勒自己建立的"五法"，确实可以得到新知识，但这种新知识只具有或然真的性质。因为归纳推理结论超出了前提，在前提与结论之间只是或然性联系，即是如果前提真，结论或然真。显然，穆勒夸大了归纳推理的作用和不适当地提出了归纳证明的任务。

三

穆勒把归纳推理和演绎推理并举，然后又把归纳和演绎组成在一个逻辑体系之中，形成一个推理的普遍形式。正如他自己所说："把有关一门学科从来没有作为一个整体处理的零碎断片连贯组织起来，对各种互不调谐的理论择其真实的部分加以调停配合，必要时提供中间思想环节使他们得以互相联系。"①

这个推理的普遍形式是从改变三段论理论开始的。穆勒认为三段论作为思维艺术是有价值的,应当存在,而作为理论需要改变。因为"通常用来维护它的科学理论根据是错误的"。穆勒认为按照固有的三段论理论,就会出现三段论大前提是三段论结论的根据,但大前提本身的成立,又必须依靠结论所断定的那个事实的成立,这是绕圈子。另外如果三段论结论已包含在前提里面,它就推不出新知识,不能算作真正的推理。这些是固有的三段论理论造成的。据此,穆勒用他的经验主义观点,重新解释三段论,其重点是三段论的大前提。三段论的大前提都是一个全称命题,穆勒说全称命题都是从个别实例归纳得来的,实在是个别实例集合的记录,不能认为变成全称命题就更有证明效率。他说:"顾人所得以仰观俯察者,皆散著睽孤之迹也,本诸散著而后有其会通,从其会通复可以验散著。故会通之理,乃散著事实之通和也。"② 这就是说普遍命题都是观察得来的,而人们所能够观察得到的东西,都不外是个别实例或各个别事物,经过归纳集合起来,用一个全称命题来总括,这个总括不过是许多个别事物的缩写、记录。

然后,穆勒提出归纳和演绎的联系,表现在归纳的结论就是演绎的前提,两者联系在一起,构成一个推理的普遍形式,在这个普遍形式里,先是一个归纳,后面紧接着一个演绎。他说每一个真正的推理,由已知推出未知,由已观察的现象推出

---

① 参见穆勒《逻辑体系》绪论(英文本),伦敦汉森公司1911年版。
② 《穆勒名学》,生活·读书·新知三联书店1959年版,第153页。

未观察的现象，都是离不开这样一个推理的普遍型式的。这个
型式可以陈述如下：

$$S_1 \text{ 是 P}$$
$$S_2 \text{ 是 P}$$
$$\cdots$$
$$\underline{S_n \text{ 是 P （所有观察的 } S_1 \cdots S_n \text{ 是 P）}}$$
$$\underline{\text{所有 S 是 P}}$$
$$\underline{\text{a 是 S}}$$
$$\text{所以 a 是 P}$$

上述第一条横线表示归纳（或用穆勒五法得出的结论），第二
条横线表示演绎。穆勒说这个推理的普遍型式，先归纳后演绎
仅仅是这个推理的"表象"，结论的真正根据不在全称命题
"所有 S 是 P"，而在这个全称命题所得出的那些归纳前提。这
样的推理实际上已完全是特殊到特殊的推理。这里演绎已名存
实亡，消失在归纳里面，归纳吞并了演绎。我们通常把归纳看
作由特殊到普遍的推理。从个别到个别、特殊到特殊的推理是
类比。穆勒用归纳统摄演绎，实际是借助类比来实现的。穆勒
的推理普遍型式正是归纳主义的表现。当然，经过穆勒对三段
论上述的归纳主义理论解释之后，三段论就不再存在以前的缺
点，如绕圈子、推不出新知识等。

四

　　传统形式逻辑在此以前一直以演绎三段论为主，亚里士
多德已考察过归纳法，但他是按照三段论的格式，从大词、
中词和小词这些范畴进行的，如亚里士多德分析三段论是借

中词属于小词，指出大小词关系，即大词属于小词；完全归纳法是借小词指出大词属于中词，是特殊形式的三段论，即归纳三段论。他对不完全归纳法的分析则和辩证三段论相联系。这时归纳法还从属于三段论的研究。特别在古希腊还没有像近代才开始有的真正的实验科学，所以，亚里士多德的归纳法"对于经验和特殊的东西只是瞥眼而过"①，没有积极地能动地作用于自然。中世纪的世俗文化，只靠寥寥的几本古籍，在内容上作些逻辑的修补，他们只关心书本知识、经院教条，不关心对自然界的第一手研究。只有到了近代，资本主义的发展、自然科学实验方法的兴起，才能提出建立以归纳为主的新逻辑。但以归纳为主的新逻辑一直处在讨论、研究和形成过程之中，在培根之后一两百年，由于穆勒的推进，使和自然科学实验方法相结合的古典归纳逻辑正式进入逻辑学体系。这是穆勒的贡献。

有的学者认为归纳不是逻辑，只是归纳方法而已。这是忽视它的推理方面的结果，特别到了穆勒和探讨因果、科学实验相结合，经过资料的整理筛选，排除一些偶然因素，消去不可靠的成分，从真的前提出发得出比较普遍的结论。这个过程虽然没有如演绎推理前提蕴含结论，是一种必然推理形式。但是归纳推理从前提到结论的过程，同样具有一定的逻辑框架，只是前提到结论之间只具有或然联系，所得结论是或然的真。如果和科学实验相联系，归纳推理无疑可以推进人类认识真理的过程。

---

① 培根：《新工具》，商务印书馆 1984 年版，第 13 页。

五

在英国，唯心主义经验论有着相当深刻的社会根源，穆勒继承了贝克莱和休谟的哲学路线，认为人们只能凭着感官感知外在世界的硬度、颜色、形状等现象，认识这些现象就是认识人们自己的感觉经验，说物质不过是"感觉的恒久可能性"等。总之，他们只承认感觉经验中的个别、殊相，不承认经过科学抽象反映客观事物的普遍、共相。这种哲学观点表现在他的逻辑学说上，就是归纳主义。正如威廉·涅尔等在《逻辑学的发展》中指出，穆勒是"认真地尝试用一种与英国哲学的经验传统相一致的方式来说明逻辑"①。所以在他正确地阐明归纳逻辑的同时，无限夸大归纳的作用，他提出的推理的普遍型式实际否定了演绎推理。在理论上是不能成立的，在实践上也破坏了穆勒自己肯定的三段论思维艺术。因为整个人类的认识过程是由个别上升到一般，又由一般认识到个别。归纳和演绎两者在统一的认识过程中起作用。例如门德列夫用归纳法把化学元素的属性具有重复再现的事实加以概括，得出了元素周期律。然后用元素周期律进行演绎思维，发现了原来测量的一些元素的原子量是错误的，进行了纠正。可见归纳和演绎在认识过程中，各有自己的特点，起着不同的作用，不能偏废。三段论在一般到个别的认识过程中，也不是为穆勒所说的绕圈子，三段论在结论中出现的两个词项虽然已经存在于前提之中，但在结论之中，词项之间已经有了新的结合，这就有新的

---

① 威廉·涅尔等：《逻辑学的发展》，商务印书馆 1985 年版，第 476 页。

知识。

　　夸大归纳的作用还在于对演绎三段论大前提作为普遍命题的解释上,穆勒认为普遍命题都是由归纳得来的,这同样是不符合实际的。人们认识无限普遍命题是一个复杂的认知过程,其中有各种认识手段在起作用,包括归纳和演绎、实验和证实,等等。因为对无限类,归纳总是不完全的,得出一个无限普遍性命题还要作科学分析,如凡人皆有死,不仅有归纳,重要的还要研究人这个有机体的产生、发展到死亡的过程,研究人类生命运动的规律,人由生到死的必然过程。一切知识都来自归纳,这种由经验主义导致逻辑上的归纳主义显然是不科学的。

　　穆勒继承传统形式逻辑,不否定演绎三段论的推理艺术,和他的归纳"五法"一起纳入《逻辑体系》,为发展着的科学技术提供实验中推理工具和认识方法,也推广了逻辑科学的研究领域,使归纳逻辑引起广泛的重视。中国近代史上在救亡图存向西方学习的社会潮流中,严复认为应该学习西方先进的自然科学,但最根本的是应该学习西方研究科学的方法——逻辑学,也正因这样他翻译了穆勒的《逻辑体系》。正是社会的需要,科学发展的需要,使这本提倡归纳逻辑的书产生了很大影响。这里对穆勒《逻辑体系》应当有积极肯定的方面。但不可否认穆勒的唯心主义经验论导致归纳主义理论的错误,这是要具体分析的。

　　纵观穆勒的逻辑观,我们认为逻辑史家亨利希·肖尔兹根据现代形式逻辑类型分析,指出《逻辑体系》"是一种非形式的逻辑,但它的下层基础具有形式逻辑性质"。[1] 这是切合实

---

① 亨利希·肖尔兹:《简明逻辑史》,商务印书馆 1977 年版,第 20 页。

际的。

（原载中国社会科学院哲学研究所逻辑室编《理有固
然——纪念金岳霖先生百年诞辰》，社会科学文献出版社 1995
年版，第 31—39 页。）

严复对语义学的贡献

严复（1854—1921）福建候官人，字又陵，又字几道，于1877年作为近代中国第一批留欧学生派往英国学习海军。严复具有传统的中学根基。在英国留学期间，他除应学的科目外，还广泛猎涉了西方科学知识，精心研读西方哲学、社会政治学论著，并深入英国法庭，旁听诉讼。这些使他对中西学术、政教的异同有了深刻的了解。1879年回国后，严复努力传播西学，使广大的中国知识分子打开了眼界，看到在中国的传统经典学说之外，世界上还有新的思想文化宝库。蔡元培说，近代介绍西学到中国来，"要推候官严复为第一"[①]。毛泽东则称严复是"在中国共产党出世以前向西方寻找真理的一派人物"[②] 的四大代表之一。

严复认为国家的富强在于科学技术的发达，社会政治之进步。而科学技术的发达和社会政治之进步，又在于科学方法和思想方法之改进，因此，在1905年和1909年严复分别翻译了穆勒的《逻辑体系》（名为《穆勒名学》）和耶芳斯的《逻辑入门》（名为《名学浅说》）。耶芳斯（W. S. Jevons，1835—1882），是英国19世纪布尔学派的符号逻辑论者。穆勒（J. S. Mill，1806—1873）是19世纪著名的英国哲学家、逻辑

---

① 参见《近十年来中国之哲学》。
② 《论人民民主专政》。

学家。他继承了经验主义传统，又受实证主义影响，认为哲学形而上学是由语言造成的。他在《逻辑体系》中，十分重视经验，重视逻辑和语言的分析。语言是思维的工具，语言不完善会造成思维的混乱。名称在语言中是基本成分，所以研究名称的意义以及名称和名称所指之物中间的一般关系，就很重要。

严复对于穆勒的语义思想不停留于简单地翻译，而结合中国的语言特点加以研究，从而作出了他自己的贡献。严复提出了翻译的语义标准，分析了汉语的语法和语义特点，把西方的语义学思想和中国的正名学说，逻辑的定义理论和中国传统的训诂学结合起来，为研究中国的文化思想提供了新的分析工具，为中国人民正确使用名称语词提供了科学知识。正如50年前郭斌和所说："吾国逻辑之学，素不发达，思想笼统，成为心习。先生首先翻译西洋名著，提倡慎思明辨之风，其功实伟。"

一、严复在翻译上，提出了信、达、雅的语义学标准

严复在介绍西学时，进行了艰巨的翻译工作，翻译实际是在两种语言符号系统之间寻求相同的意义，把其中一种语言符号陈述的知识用另一种语言符号表达出来。从语义学上说，就是寻求两种不同的语言符号之间的"同义"和"真值"。这是国际社会中交流学术、思想和文化所不可缺少的手段。然而在两种语言符号系统中存在着天生的差异。不同的语言符号系统是由各民族不同的地域，不同的社会政治、经济生活，以及不

同的文化、风情、习惯和不同心理素质所形成的。在不同的语言符号系统中寻求相同的意义，困难是很大的。清末《马氏文通》的作者马建忠说："夫译之事难矣，译之将奈何？其平日冥心钩考，必先将所译者与所以译者两国之文字，深嗜笃好，字栉句比，以考彼此文字孳生之源，同异之故。所有相当之实义，委曲推究，务审其声势之高下，析其字句之简繁，尽其文体之变态，及其义理精深奥析之所由然。"显然，要翻译好，至少要把彼此的语法和语义的关系弄清楚，而后分别加以对应，否则译文就不会有正确的表达。例如英文中"brother"不分兄弟，但在中文中，有时其区别非常重要，因为中国人重亲缘，普通家庭里长兄可代父，皇族中嫡长子则有皇位继承权，如此等等。在两种语言之间寻找同义决不容易。早在公元 5 世纪把佛经翻译为汉文的最大翻译家之一鸠摩罗什，曾说：翻译工作恰如嚼饭喂人……经过这么一嚼，饭的滋味、香味，肯定比原来乏味多了。

严复当时还没有能从英国的语言符号系统出发，研究出一套英语的语法、语义理论，也没有从中国的语言符号系统总结出一套语法、语义理论，来说明两种语言符号系统之间相应的关系。但他吸取了历史上佛经翻译的经验，并在自己的翻译实践中提出了翻译要遵守信、达、雅的原则。[①]"信"是诚实可信，要准确传达原作内容，忠于信息发送者所说的意义，这是语义标准。"达"是运用习见的表达方式，对信息接收者来说，要明白畅达，"为达即所以为信也"。[②] 这是

---

① 参见《天演论·译例言》。
② 同上。

语法标准。"雅"是信息传达时简洁典雅，其中既有语法要求，也有语义要求。

严复所提的信、达、雅原则，意义重大，有的学者说："中国的翻译理论始自严复《天演论·译例言》。"当然这些原则不是一个严格的系统的理论，也不能代替两种语言符号之间语法和语义关系的研究。但从这些原则提出之后，绝大多数翻译家已把信、达、雅原则奉为楷模，实际上这些原则也是指导两种语言符号系统相互翻译方面在语法、语义研究上的原则。

二、严复分析了汉语语法和语义的特点

严复指出汉语语词没有形态变化，"字形既立，不容增损"[①]，区别字类，非常困难。相同的汉词可以作名词，也可以作非名词，用法相当灵活，这是一个重要特点。如数词"一"，可以作形容词用，如"一人一马"；还可以作动词用，如"孰能一之"，意思是谁能够统一天下；也可作副词用，如"一战即胜"。有时虚字实用，或实字虚用。有时用四声来区别。词性的变化，影响了对语义的了解。

而在英语中，不同的词类，有不同的形态，名词、动词、副词等都有不同的字尾可资识别，加上人称、数、格、时态等语法变化，使语义清晰。这些连五尺之童也可以辨别。

其次汉词是表意文字，形义结合紧密。中文以六书制字，象形、会意、指事、形声为经，假借、转注为纬。例

---

① 参见《穆勒名学》部甲篇二第二节，生活·读书·新知三联书店 1959 年版。

如:所谓象形者,画成其物,随体诘拙,"日"、"月"是也。
"日"和"月"是从模仿日、月的形状发展而来,"日"在
甲骨文中为〇,篆文为日,"月"在甲骨文中为ⅅ,篆书为
⍺,而日和月组合在一起,成为光明的"明",表示可以借
日和月见到明亮的光线。当然,古人并不知道月亮不会发
光,只是太阳光的反射。字形经过组合衍生,字义也相应衍
生,千百年汉词的历史发展,形义结合造成语义含混、歧义
的情况,就更加严重。

　　而英语为拼音文字,语言符号和语义没有联系,形义之间
的关系是约定俗成,如 pine 和松树之间的结合就是这样。严
复说,西方旧名称不够用,"新名繁兴,而率用希腊罗马之文
会合成字"①,而中国却没有这种方便。由于造词方式的不同,
英语词义歧混的情况就比汉语为好。虽然,语言之纷乱,"各
国皆然,而中国之文字尤甚"②。这是严复对照英语研究汉语
语法和语义所得到的结论。

三、严复把西方语义学思想与中国的正名学说
　　结合起来,并率先对中国哲学的传统
　　概念进行语义分析

　　中国古代早就注意到正确使用名称语词的重要性。在儒
家经典《论语》中,春秋战国末期鲁人孔子(姓孔名丘,公
元前551—479)就谈到这个问题。孔子说:"觚不觚,觚哉!

---

①　参见《名学浅说》第31节,生活·读书·新知三联书店1959年版。
②　参见《名学浅说》第20节,生活·读书·新知三联书店1959年版。

觚哉！"这段话的大意是，"觚"是指有角的酒器，但后来人们做了种种没有角的酒器，孔子见了，就说：现在的酒器没有角了，难道这也是"觚"吗！不合乎原来觚的标准，仍然叫觚，就是"名不正"。对于世俗的做法，孔子是不以为然的。还有个学生问孔子：若要您治理国家，先做什么呢？孔子说："必也正名乎！"有个国君问他治国的道理，孔子说："君君，臣臣，父父，子子。"这里的意思是，每个名称都有一定的含义，这种含义就是这名称所指的一类事物的共有属性。君作为一类事物的共有属性是每个君必须具备的，即所谓"君道"。君按君道而行，才是真正的君，名和实相符的君。臣、父、子这些名称也应该这样和实相符。这也就是孔子的正名学说。后来，《墨经》又讲："以名举实"，"告以文名，举彼实也"①。荀子又说："制名以指实，上以明贵贱，下以别同异。"② 有了一些新的发展。但从孔子提出"名"和"实"的关系看来，应当相互符合，不符合就是名不正，到后来的诸子百家都没有能在理论上阐明"名"具有什么意义？"实"又是指什么？

　　孔子的正名学说是中国传统文化的一部分，在发展逻辑思维中起了很好的作用，是中国人民所熟悉和已经接受的东西。当时有些知识分子，由于西学东来，忧虑着旧学的灭亡。严复却认为不然，他说新学愈进，旧学愈益昌明，"盖他山之石，可以攻玉也"③。正是严复经过深思熟虑，把西方的语义学思

---

① 参见《经说上》。
② 参见《正名》。
③ 参见王遽常《严几道年谱》，商务印书馆 1936 年版。

想和中国的正名学说结合起来，用中国的传统文化来吸收、充实和传播西学。

严复所译《穆勒名学》中"论名之不可苟"，是脱颖于"孔子于其言，无所苟而已"，"言名学者深浅精粗虽殊，比要以正名为始"，又来自孔子"必也正名乎"一语。但孔子正名学说中可意会而没有言传的，对"名"和"实"关系作语义理论的概括部分，严复通过对西方逻辑的译介，明确肯定了名称具有内涵和外延两种意义。"夫用一察名，而真知其言之深广者，非审二事焉不可。一自其外言，则一切为此名之所括举为何物也，二自其内言，则物具何德，抑若何性质而后得此名也。"① 他举出舟的名称，是指各种各样狭长而中空，有拱围于外，上有帆樯，下有柁楫，不论是铁是木，用气用风，浮游于水上，用以载客运货者。可见，舟这个名称有外延一义，是指外齐其形的各种"刳中而拱外"的事物；又有内涵一义，是指内同其用的"载客运货"的性质。"是故名学所谓察端，文律所区为公名，笃而论之，皆有内外之二义。外者何？其所取以加之一切物也。内者何？其所命之物德也。前曰外举之义。后曰内涵之义。"② 这就明确了名称语词、事物、意义三者又相联系又相区别的关系，从而给汉词的语义分析提供了新的有用的工具。

对于正确使用名称语词，严复反复强调，说得非常透彻。"言无所苟者，谨于用字已耳。"③ 没有相合的语词，自己既不

---

① 参见《名学浅说》第 22 节，生活·读书·新知三联书店 1959 年版。

② 同上。

③ 参见《名学浅说》第 24 节，生活·读书·新知三联书店 1959 年版。

能正确思维，也不能喻人。人类语言其最失误而事理因而不明者，"莫若用字而不知其有多歧之义"①。

谁都知道，研究中国思想文化的学者常常指出：中国语言文字由于六书制字的象形、指事等原因，往往表现形象，而不是分析论证型的；造成名言隽语很短，比喻举例富于暗示，缺少明晰；由于中国文化传统的特殊性，所发展的哲学概念和范畴，意义非常不确定，如心、性、天、道、仁、义、理、气等情况，举不胜举。严复在列举了中国语词歧义和含混后，对中国哲学的概念和范畴，进行了语义分析和批判。例如"气"，曾使多少注疏家、哲学家花了许多功夫，但"气"的外延是指什么事物？"气"的内涵又是什么？严复说，人们常用"气"来解释许许多多现象："问人之何以病？曰邪气内侵。问国家之何以衰？曰元气不复。于贤人之生，则曰间气。见吾足忽肿，则曰湿气。他若厉气、淫气、正气、余气，鬼神者二气之良能，几于随物可加。今试问先生所云气者究竟是何名物？可界说乎？吾知彼必茫然不知所对也。然则凡先生所一无所知者，皆谓之气而已，指物说理如是，与梦呓又何以异乎！""出言用字如此，欲使治精深严确之科学哲学，庸有当乎？……他若心字天字逆字仁字义字，诸如此等，虽皆古书中极大极重要之立名，而意义歧混百出。"②

严复在 80 年前，运用语义学分析中国重要的哲学概念，使中国知识界振聋发聩，耳目一新，这个语义分析崭新的划时

---

① 参见《名学浅说》第 24 节，生活·读书·新知三联书店 1959 年版。
② 以上均参见《名学浅说》第 30 节，生活·读书·新知三联书店 1959年版。

代的开创性工作，对中国传统文化至今仍起着积极的作用。

四、严复把中国的训诂学和西方定义理论
结合起来，促进名称语词的科学化

训诂学是我国传统的解释语词意义的学问，已有悠久的历史。我国知识分子在这方面做了许多工作，也有不少专著。清人从文字的音形义三方面搜集了丰富的资料，找出了古音音义通转法则，提出"比例而知，触类而长"的方法。训诂学是历史上研究中国文化和思想所不可缺少的知识。它在解释词句，讲通文意方面，是有作用的。但与西方的定义理论比较，两者有重要区别。严复说："由是最浅而易明者，则有互训之术；二名义均，而后者已喻。此如云'雉为野鸡，洑回流也'之类。然此自科学家言之，只为训诂，不为界说。"①"中土之学，必求古训。古人之非，既不能明，即古人之是，亦不知其所以是，记诵词章既已误，训诂注疏又甚拘，江河日下，以致于今日之经义八股，则适足以破坏人材，复何民智之开之与有耶?"② 道物之貌告人曰训，释古今之言曰诂，训诂主要是语词解释，最多包括对事物表面加以描述，虽然可以勉强地说，它是语词定义或描述定义，但不能明是非，更不能使人知道是之为是，非之为非。更重要的是脱离实验科学，它不涉及事物的性质，因此科学家是不能承认训诂是定义的。正因如此，严

---

① 参见《穆勒名学》部甲篇八第一节，生活·读书·新知三联书店 1959 年版。

② 参见王栻主编《严复集》第一册（原强修订稿），中华书局 1986 年版。

复才认为有译介和强调西方定义理论的必要。

名称既然存在外延和内涵两方面的意义，作为揭示名称内涵的内涵定义和通过划分揭示外延的外延定义。这是区别名称，正确使用名称的重要方法。

严复说，使用一个名称，其意义必须定义清楚。他将定义译为界说：

> 界说者，析物之德，取而陈之，于以成一类之界也。界说善者，必与其所界之物相尽，不出不入。[①]

他主要讲的是属加种差定义，又在《界说五例》一文中列举了定义的五条规则：

> （一）界说必尽其物之德，违此者其失混。（二）界说不得用所界之字，违此者其失环。（三）界说必括取名之物，违此者其失漏。（四）界说不得用训诂不明之字，犯此者其失荧。（五）界说不用"非"、"无"、"不"等字，犯此者其失负。[②]

严复又用划分来揭示名称的外延。他正确地指出：名称的划分必须以事物的共有之点为基础。亚里士多德之"分国家也，以治权操于多寡为起义。吾人分国家也，以其所由合者为起义。如此分法，不特函括无遗，且与科学分别种类之理最

---

① 参见《名学浅说》第 44 节，生活·读书·新知三联书店 1959 年版。
② 参见王栻主编《严复集》第一册（原强修订稿），中华书局 1986 年版。

合。何以故?因科学于物,所据以分类者,应取物中要点为之基。治权操于多寡,其关系国家之理,自不及于所以为合者,是以吾法胜也。"① 亚里士多德对国家这个名称进行划分,其划分根据是统治者人数的多少。统治者只一个,称为"独治",即君主政体的国家;统治者由少数人组成,称为"贤政",即贵族政体国家;统治者由多数人组成,称为"众治",即民主政体之国家。这样就形成一个国家的外延定义。这个划分虽不符合今天社会科学的观点,但揭示国家的外延所用以划分的根据和方法,无疑是正确的。

严复指出拘于训诂脱离科学,强调定义和科学的联系,因为定义要揭示事物的性质。他推崇西方科学,认为一切科学认识必须从观察事物的实际经验出发,不能墨守陈说,从书本、玄想出发。"夫西学之最为切实,而执其例可以御蕃变者,名、数、质、力四者之学而已。"② "其为学术也,——皆本于即物实测。"③

当然他也不同意培因认为必须有科学的创造发明,才能作定义的观点。脱离科学就要导致用名的错误。严复说,科学弗治,则不能尽物之性,用名虽误,无由自知。由于汉语词形是表意文字书写的,不明事物的性质,滥制新名,选成名不副实,违背科学常识。如说,"有火轮船、自来火、自来水、留声机诸名物皆言其体用。觉所命名,无一当者。何则?焚薪生气,气以转机,机以推舟,无火轮也。以燐附枝,触荡生热,热甚火燃。若此而云自来,则向之钻燧,后之敲石,何不云自

---

① 参见《严复集》第五册,政治讲义第三会,中华书局1986年版。
② 参见王栻主编《严复集》第五册,天演论自序,中华书局1986年版。
③ 参见王栻主编《严复集》第一册(原强修订稿),中华书局1986年版。

来耶？筒引泉流，斣料高播下，人机之力，所费实多。彼水又乌能自至？"① 脱离科学而命名，不知道事物的性质而下定义，必然是南辕北辙，风马牛不相及，足令天下人失笑。

今日我们在讨论问题时，常常要对方说出他所用名词的定义，这种进步，自然会使我们想到 80 年前严复首先倡导"与人辨理，亦需先问其所用名字界说云何，所言始有归宿，物理乃有发现之时"② 的功劳。

严复不仅译介名学，而且开名学会，讲解名学。使名学的介绍风靡一时，"学者闻所未闻，吾国政论之根柢名学理论者，自此始也"③。严复对提高民族的逻辑思维能力，提倡语义分析的风尚，改进中国文化和思想的研究方法，具有划时代的贡献。

著名哲学史家冯友兰说，西方哲学对中国哲学的永久性贡献，是逻辑分析方法。又说中国有个故事，说是有个人遇见一位神仙，神仙问他需要什么东西。他说需要金子。神仙用手指点了几块石头，石头立即变成金子。神仙叫他拿去，但是他不拿。神仙问："你还要什么呢？"他答道："我要你的手指头。"④ 严复从西方搬回了一些金子，但更重要的是他取回了并发展了中国人所需要的语义分析的手指头。

（原载《湖北大学学报》（哲学社会科学版）1994 年第 1 期，第 78—82 页。）

---

① 参见《名学浅说》第 31 节，生活·读书·新知三联书店 1959 年版。
② 参见《名学浅说》第 29 节，生活·读书·新知三联书店 1959 年版。
③ 参见王遽常《严几道年谱》，商务印书馆 1936 年版。
④ 参见《中国哲学简史》（近代卷），甘肃人民出版社 1989 年版。

Semantic Thoughts of J. S. Tuart Mill and Chinese Characters

Heinrich Scholz, the German logician, once wrote in his *Concise History of Logic* that Mill's *System of Logic* had been published more than eight times. It was a book that had great influence all over the world. In China, as a result of Yan Fu's translation of, introduction to and research on Francis Bacon's *Novum Organum* and Mill's works, new scientific methods were also propagated widely, and played a positive role in improving scientific research. We must emphasize Mill's semantic thoughts, while we have to pay more attention to their great effect on people's understanding of Chinese characters.

Carrying on the tradition of English empiricism, and also affected by the influence of positivism, Mill believed the metaphysics of philosophy is caused by language. In his *System of Logic*, he pays great attention to the experience and the logical analysis of language. Language is the tool of thought. Imperfection of language causes confusion of thinking. In language, names are the fundamental component parts, so the significance of researching names and the relationship among them is also very important. Yan Fu introduced Mill's semantic thought into the analysis of the language symbols of Chinese characters, then provided a new idea of the nature of the language symbols of Chinese characters, and supplied a

completely new tool for research into the culture of Chinese charac-
ter.

　　1. Firstly, Yan Fu analyzed the difference in language symbols
between written English and Chinese characters, and pointed out
that Chinese characters do not have any suffix change. After the es-
tablishment of the shape of Chinese characters, unlike English lan-
guage symbols, there can be no change in number, case or tense.
Written English is fairly fixed in its use of speech particles, such
as adjectives, nouns and verbs. Different parts of speech have dif-
ferent forms, but the symbols of Chinese characters are quite flexi-
ble. Their parts of speech are uncertain. For example, the numeral
"one" can not only be used as an adjective or a verb, but also as
an adverb. So it affects understanding of the semantic significance of
Chinese characters.

　　Secondly, the symbols of Chinese characters are ideographic,
which combines the written forms with the meanings of these forms
closely. For example, in the case of "sun" and "moon", both
characters are created and improved by imitating the shapes of the
sun and moon. The prototype of "sun" was ⊙, and the prototype
of "moon" was ☽. Through combining the sun with the moon, a
new character is created, which means "bright", because one can
see the light through the sun and the moon. (Of course in ancient
times, people did not know that the moon cannot give out light. It
shines as a result of the reflection of sunlight.) Because of the de-
velopment of the form and the meaning of characters over hundreds

and thousands of years, the combination of forms and meanings has been getting more and more complex, and with respect to semantics, has caused serious ambiguous interpretations. But as we see, since the English language uses the alphabetic system of writing, its language symbols do not have any relation to its semantic meaning. The relation between form and meaning is established by usage. Such an arbitrary separation of form and meaning causes much less ambiguity than do Chinese characters.

2. Yan Fu used Mill's method to give a further understanding of Confucius'[①]rectification, which also concerned two aspects: intension and extension. In the culture of Chinese characters, the importance of how to use name correctly has been noticed since ancient times. When once a disciple asked him what he would do first if he were to rule a state, Confucius replied: "The one thing needed first is the rectification of names". On another occasion one of the dukes of the time asked Confucius the right principle of government, to which he answered: "Let the ruler be ruler, the minister minister, the father father, and the son son". In other words, every name contains certain implications which constitute the essence of that class of things to which this name applies. Such things, therefore, should agree with this ideal essence. The essence of a ruler is what the ruler ideally ought to be, or what, in Chinese, is called "the way of the ruler". If a ruler acts according to this way

---

① Confucius, the first educator and thinker of China, was born in 551 B.C.

of the ruler, he is then truly a ruler, in fact as well as in name. There is an agreement between name and actuality. But if he does not, he is no ruler at all , even though he may popularly be regarded as such. Every "name" title in social relationships implies certain responsibilities and duties. Ruler, minister, father, and son are all names of such social relationships, and the individuals bearing these names must fulfill their responsibilities and duties accordingly. Such is the implication of Confucius' theory of the rectification of names. Afterwards the various philosophers and hundreds of schools of thoughts developed the rectification of names further in some respects, but they all did not reach a level of explaining the exact implication of "names", and did not understand the significance of what they called "actualities". In Confucius' theory of the rectification of names, it is said "something can be sensed, but can't be explained in words". This can be theoretically summarized in a system of J. S. Mill's *System of Logic*. Mill pointed out in his book that names have two meanings: intension and extension. So do those Confucian sayings.

As we know, Confucius' "Let the ruler be ruler" is a universal proposition. It can be analyzed by modern logic as:

$$(x)(F(x) \rightarrow G(x))$$

Of course, there is still the problem of subject term existence, which will not be discussed here in detail. In a word, the semantic thought of Mill provides a new method for the semantic analysis of Chinese characters. Using this mothod and connecting traditional concepts and categories of Chinese philosophy, Yan Fu analyzed "heart" (XIN), "nature" (XING), "nothing" (WU), "doctrine" (DAO), "benevolence" (REN), "righteousness" (YI), "truth" (LI), "spirits" (QI) et cetera, which have indefinite meanings, are highly loaded and lack distinction. The application of Mill's semantic thought to the culture of Chinese characters has been playing a positive role up to the present day.

3. The definition theory in Mill's *System of Logic* helped improve the philology of Chinese characters (critical interpretation of an ancient text, exegesis). Traditionally, philology was a science which explained a name by one term or another. Actually it was knowledge needed to research the culture and thoughts of Chinese characters. People in the time of the Quing Dynasty collected plentiful materials in the area of "sounds", "forms", "meanings", and made as a rule the transformation from ancient word-sounds. It is helpful to explain the sentences and make the meaning of the text clear. But there was still a great shortcoming in that it has no connection with the things referred to. Philology mainly explores the explanation of words and phrases, not involving things. It cannot illustrate the functions and truth of the matter. It diverges from the developing modern experimental science, and it cannot distinguish clearly between right and wrong.

Names always keep two kinds of meanings: intension and extension. The intension definition indicating the intension of names, and the extension definition by dividing are more scientifically progressive than Chinese traditional philology which was only limited in its explanation of words and phrases. It accorded with the demands of the day. In Yan Fu's mind, science will cause mistakes in using names if deviating away from the modern experiment, for example, if a pen is called a fountain pen, or if a match is called a "zilaihuo". These are not appropriate. We can give the things the correct names only when we know them and their functions. This method not only establishes the connection between name research and experimental science, but also denotes the difference between researching names and the things which the names represent. This is the whole course of the description of a semantic triangle. Of course, even Mill himself did not give the following diagram:

Mill's semantic thought has profound far-reaching influence.

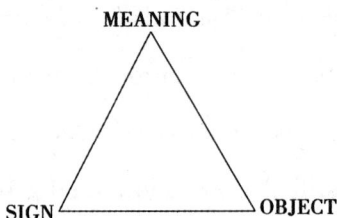

```
              MEANING
                /\
               /  \
              /    \
             /      \
            /        \
           /          \
      SIGN /_____\ OBJECT
```

There are about 1.7 billion people in the world using the language symbols of Chinese characters. The semiotics of Chinese characters is becoming a very important area. The experts of international semiotics are paying close attention to research into symbol system of Chinese characters. Professor Jerzy Pelc attended the meeting of the East Asian Semiotic Seminar in October 1992. He also gave excellent seminars at Beijing University and Hubei University. We are very appreciative of his reports, which are full of interesting ideas and indepth knowledge of semiotics. Professor Pelc's visit encouraged and inspired Chinese scholars to carry our research onto a higher level. In the area of international semiology, the semiotics of the Chinese language will find its own position in the garden of a hundred blossoms and the field of a hundred schools of thought. Culture exchanges between East and West will bring a much brighter future for semiotics. During Professor Pelc's 70th birthday year, we wish his academic undertaking a bright future.

In the World of Signs, *Edited by Jacek Juliusz and Witold Strawin'ski*, *Editions Rodopi B. V.*, *Amsterdam-Atlanta*, GA 1998, pp. 231 – 234

译者 Lei Ni

约翰·斯图亚特·穆勒的
语义思想和汉字

德国逻辑史家肖尔兹说，穆勒的《逻辑体系》出版 8 次之多，是影响全世界的一本书。在中国由于严复①的翻译、介绍和研究，从培根的新工具到穆勒的方法，也广为传播，在革新科学研究中，起了很好的作用。穆勒方法已是广大知识界的常识。

穆勒继承了英国经验主义传统，又受实证主义影响，认为哲学形而上学是由语言造成的，在他的《逻辑体系》中，十分重视经验，重视逻辑和语言的分析。语言是思维的工具，语言不完善会造成思维的混乱。名称在语言中是基本的成分，所以研究的意义，以及名称和名称所指之物中间的一般关系也很重要。严复把穆勒的语义思想，运用来分析汉字语言符号，从而对汉字语言符号的特点有了新的认识，对研究汉字文化提供了崭新的工具。

（一）严复分析了英语语言符号系统和汉字语言符号系统的不同。指出汉字没有形态变化。字形确立之后，不能像英语语言符号那样，有数、格、时态等的变化，词类确定之后，比

---

① 毛泽东认为严复是中国近代向西方寻找真理的先进人物，详见毛泽东《人民民主专政》。

较固定。英语语言符号不同的词类有不同的形态，而汉字语言符号，用法相当灵活，词类不确定，如数词"一"，可以作形容词，也可以作动词，还可以作副词等。这样影响了对汉字的语义的了解。

其次汉字符号是表意文字，形义结合紧密。如"日"和"月"是模仿日、月的形状发展而来。"日"原为⊙，"月"原为☽，日和月组合在一起，成为光明的"明"，表示可以借日和月见到明亮的光线（当然古时的中国人是不知道月亮不会发光，只是太阳光的反射）。字形衍生，字义衍生，汉字经过千百年的历史发展，由于形义结合，造成语义含混，歧义的情况，就更加严重。而英语语言为拼音文字，语言符号和语义没有联系，形义之间的关系是约定俗成，这种形义分开，就比形义结合的汉字语言符号减少了语义的歧义和含混。

（二）促进孔子正名学说成为名称的内涵和外延。在汉字文化中，中国古代就注意到正确使用名称的重要性。有个学生问孔子，若要你治理国家，先做什么呢？孔子说："必也正名乎。"有个国君问他治国的道理，孔子说："君君，臣臣，父父，子子"。这里的意思是，每个名称都有一定的含义，这种含义就是这名称所指的一类事物的共有属性。君作为一类事物的共有属性是每个君必备的，即所谓"君道"。按君道而行，才是真正的君，名和实相符的君。臣、父、子这些名称，也应该和这样的名和实相符。这就是孔子的正名学说。

后来的诸子百家对正名学说，有一些发展，但都没有能阐明"名"具有什么意义？"实"又是指什么？孔子的正名学说，可以意会而没有言传的部分，却在穆勒的语义思想中，得到理论上的概括。这就是穆勒《逻辑体系》中所指出的名称具有内涵和外延两种意义。"君"这个名称也就有了两方面的意义。孔子说的"君君"用现代逻辑可分析为：

$$(x)(F(x){\rightarrow}G(x))$$

当然，还有主词存在的问题，这里就不详细讨论了。总之，穆勒的语义思想给汉字的语义分析提供了新的方法。严复用这个方法，还联系中国哲学的概念和范畴，分析出"心"、"性"、"无"、"道"、"仁"、"义"、"理"、"气"等，意义非常不确定，富于暗示，缺少明晰性。穆勒的语义思想对汉字文化的研究，至今起着积极的作用。

（三）穆勒《逻辑体系》中的定义理论提高了中国的训诂学。汉字的训诂学只是就名称解释名称的学问，是研究汉字文化和思想的不可缺少的知识。清人从文字的音形义三方面搜集了丰富的资料，提出了古音音义通转法则。这些在解释语句、讲通文意方面，是有作用的。但是这门学问有一个重要的缺点，就是不和名称所指的事物相联系。训诂学主要是寻求语词解释，不涉及事物，也不能说明事物的性质和道理。它脱离正在发展中的实验科学，不能是之为是，非之为非。

名称既然存在外延和内涵两方面的意义，作为指示名称内涵的内涵定义和通过划分揭示外延的外延定义，就远比训诂学只停留在语词解释上，更符合时代要求，更进步、更科学了。严复认为脱离科学就要导致用名的错误。譬如把钢笔说成自来水笔，把火柴说成自来火等，都是不妥当的。只有知道事物的性质，才会有正确的命名。使研究名称和实验科学相联系，把研究名称和名称所指的事物和事物的性质相区别，又把名称和所指的事物和事物的性质相联系。这就完成了语义三角形的描述。当然，穆勒自己也没有给出下面清晰的图形：

这对汉字语言符号的研究,具有不可估量的深远意义。

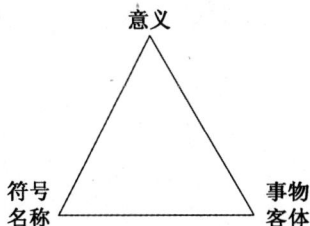

在全世界使用汉字语言符号的人有 17 亿之多,研究汉字语言的符号学已成为非常重要的领域。中国的符号学盼望登上国际符号学的论坛。中国的开放政策正向国际符号学界敞开大门。不久在世界符号学的领域里,将是百花齐放,群芳争艳。佩尔茨先生 1992 年 10 月来华参加东亚符号学会议,并在北京大学和湖北大学作了学术报告,给我们留下了丰富的知识财富。佩尔茨先生访华对我国汉字语言符号学的研究是一次很大的鼓舞和鞭策。祝佩尔茨先生访华成功,并祝贺他七十寿辰。

附录二：

怀念金岳霖先生

金岳霖传

金岳霖先生是我国当代著名的哲学家、逻辑学家，也是国际有名的学者。他毕生致力于我国哲学、逻辑学的教学和研究，著书育人作出了重大贡献。金岳霖历任清华大学、北京大学哲学系主任、教授、文学院院长、中国科学院哲学社会科学部学部委员、哲学研究所副所长、中国逻辑学会会长和名誉会长等。他1953年参加中国民主同盟，1956年参加中国共产党，曾当选为中国民主同盟中央常务委员、第三届全国人大代表，并任全国政协第三、五、六届委员。

一

金岳霖，字龙荪（1895—1984）出生在湖南省长沙市。父亲金聘之是清朝末年的一个官吏，原籍浙江省诸暨县，后来在长沙任湖南省铁路总办。金岳霖在兄弟中最小，排行第七。金聘之开始让儿辈走科举道路，所以第一个儿子是清朝的举人。后来金聘之追随张之洞参加洋务运动，主张中学为体，西学为用，就把下面的几个儿子派到汉冶萍公司工作，或者派往英、美、德、俄等国留学。

金岳霖早年在长沙雅礼学校、明德学校学习，1911年转到北平清华学校，1914年毕业。后来去美国宾夕法尼亚大学学政治，1917年获得学士学位。又进哥伦比亚大学，写了论

文 *The Financial Power of the Governors of the Different States*（《不同国家统治者的财政权》），1918 年获得硕士学位。他继续深造写出论文 *The Political Theory of Thomas Hill Green*（《T. H. 格林的政治学说》），1920 年获得博士学位。1921 年后游学英、德、法、意等国，于 1925 年回国。

回国后，他发现国民党腐败，与自己格格不入。这时他彷徨歧途，十分苦恼。他写信给他的五哥说："我不能改变这个社会，也不愿意为这个社会所改变。看来，从政的想法是错误的。"于是他先在中国大学教英文和英国史，后来清华学校改为清华大学，他回清华任教。

金岳霖从小爱读书，记忆力很强，有时晚上做梦也在背诵四书，他的姐姐出于好奇，拿了书去核对，发现他背得一字不差。他上中学时成绩很好，经常跳级。从小就有逻辑感的天赋，在十几岁时，金岳霖就觉得中国的一个谚语："金钱如粪土，朋友值千金"有问题，因为把这两句话作前提，得出的逻辑结论就是："朋友如粪土"，和这个谚语的本意完全相反。他心存大志，在出国留学前，曾征求兄长的意见，究竟学习什么专业。当时国内要发展资本主义，他的五哥主张他学簿记学，金岳霖的态度却是："簿记者，小技耳，俺长七尺之躯，何必学此雕虫之策。昔项羽之不学剑，盖剑乃一人敌，不足学也！"后来他学了政治，因为国民党不可救药，他不得不改变从政的思想，但他在事业上的宏图大略，处处表现出他不平凡的志向。

生活中的偶然事件，有时竟成为一个人的终身事业。一件事是，1924 年在法国，有一天金岳霖、张奚若和一位美国朋友在巴黎大街上散步，遇到一群人在辩论，双方争论得很激烈，互不相让。这件事引起金岳霖的好奇，使他考虑有没有一个可靠的解决争论的办法。大家知道，在他之前的 200 多年，莱布尼茨曾经设想一种宽广的逻辑演算，把推理变为演算，使人们能够在一切领域中机械地推演，以计算出双方的辩论谁赢谁输。金岳霖当时的想法如何，他没有说，但他常说的是，他对逻辑的兴趣是在"巴黎街头"产生的。另一件事是，1926 年赵元任先生要离开清华大学到当时的中央研究院工作，赵先生受清华大学校方的委托，邀请金岳霖去清华大学接任他自己为学生开设的逻辑课。偶然的兴趣和一个偶然的条件结合在一起，使他在事业上产生了新的方向。也正是这一年，金岳霖教授接受了学生沈有鼎、陶燠民的建议，创办了清华大学哲学系，开始了他一生的学者生涯和哲学与逻辑学的事业。

二

　　金岳霖在清华大学、西南联大任教期间，先后完成了《逻辑》（1937 年）、《论道》（1941 年）和《知识论》（1948 年）三部巨著。大致说来，《逻辑》是方法论，《论道》是本体论，《知识论》是认识论，三者结成一体，构成了他具有中国传统的现代哲学体系。

　　这个哲学体系继承了中国哲学的固有传统。金岳霖认为世界上存在着三大文化区：希腊、印度和中国。每个文化区都有自己的传统精神，这个传统精神是一定的民族、一定的社会在历史上长期形成和凝聚的。建立任何哲学体系都不能离开一定文化区的中坚思想。《论道》中说："每一文化区有它的中坚思想，每一中坚思想有它最崇高的概念，最基本的原动力。"①
中国思想中最崇高的概念，就是道。中国思想与感情两方面的
最基本的原动力也是道。道充塞于天地万物之中，天地万物又
根据道而运动，道是中国历史上千万哲人深究的学问。金岳霖
以道作为他哲学体系的基本概念，以《论道》为书名，正是
为了要发扬和继承中国文化区的传统精神。

　　当然，金岳霖阐述的道，不同于中国历史上儒、道、墨所
阐述的道，也不同于后来各家弟子所解释的道。比如，老子所
说的道是"先天地生"的"万物之宗"，它先于天地万物而独
立存在，是派生天地万物的精神本源。而中国近代哲学家提出
格物致知，他们或则"心外无物"、"心外无理"，或则"心物
分离，事理脱节"。金岳霖哲学体系中的道，肯定现实世界中
万事万物的存在，肯定每一个事物具有自己的殊相，殊相生灭
的势又力求达到共相关联的理。所以说道是宇宙中万事万物川
流不息运动变化的根据、历程和规律，也是现实世界中具体事
物各有其变化生灭的根据、历程和规律。道的丰富的内涵，金
岳霖不仅取自中国哲学，同时也是他研究西方哲学的结果。英
国哲学家休谟的《人性论》混淆了理与势，否认了客观规律。
《论道》中"理有固然，势无必至"这个至尊无上的变化原则
正是总结了休谟的错误，强调了理与势的区别而得出来的。金
岳霖的哲学体系发扬和继承了中国哲学的传统，而又不是历史
概念的简单重复，借鉴了西方哲学的经验，而又不是机械的移
植。在他的哲学体系中，"道"的积极精神有了升华，"道"
的消极方面有了扬弃，所以金岳霖说，他的道是"不道之道，

---

① 　金岳霖：《论道》，商务印书馆 1987 年版，第 16 页。

各家所欲言而不能尽的道，国人对之油然而生景仰之心的道，万事万物之所不得不由，不得不依，不得不归的道……"① 这个以道为核心的哲学体系没有脱离自己的文化区、自己民族心理、自己的民族传统。正是在这个意义上，金岳霖哲学体系的根本精神是中国式的。

　　金岳霖精通西方哲学，也熟知中国哲学，是一位学贯中西的学者。在他的哲学体系里吸收了西方哲学的科学成分，特别是它的认识论。欧洲在文艺复兴后，科技昌明，经济发达，认识论成了哲学研究的中心。洛克的《人类理解力论》、莱布尼茨的《人类理解力新论》、休谟的《人性论》和《人类理解力研究》、康德的《纯粹理性批判》等都是这方面的专著。而近代中国哲学长期停留在纯理性和社会伦理的讨论上，哲学远离事物、经验和自然科学，影响了科学技术和哲学自身的发展。无论是要发展科学，还是要发展哲学都离不开对认识论的研究，因此金岳霖的哲学体系把认识论加强到十分重要的地位，他在这方面花精力最多、时间最长。"无论如何金先生的《知识论》，可以算一部技术性高的专业著作"，② 其中讨论了西方认识论中提出的思想、事实、语言、知识、真理等问题，内容丰富、分析精细、技术性强。就以归纳问题为例，金岳霖说："在辛亥革命之后的几年中，因为大多数人注重科学，所以有一部分人特别喜欢谈归纳，我免不了受了这（种）注意归纳的影响。"但是休谟的议论使他感觉到"归纳说不通，因果靠

---

① 金岳霖：《论道》，商务印书馆1987年版，第16页。

② 中国社会科学院哲学研究所编：《金岳霖学术思想研究》，四川人民出版社1987年版，第30页。

不住，而科学在理论上的根基动摇"①。因此，金岳霖必须回答休谟对归纳提出的挑战，在《论道》中用"理有固然，势无必至"的原则从本体论上解决被休谟动摇的科学理论基础问题。在《知识论》中就回答休谟对归纳的诘难。金岳霖论证了归纳赖以存在的归纳原则的永真，反驳了怀疑主义的论点。他说归纳原则是由许多个别性命题得出一个普遍的经验命题的根据，归纳推论是由意念的摹状和规律的双重作用来反映，在逻辑上主要由归纳原则的永真性来保证。他认为既不能用演绎逻辑的原则担保归纳原则的永真，又不能用归纳方法本身来担保归纳原则不会被将来所推翻。金岳霖论证归纳原则的永真，首先是对这个命题进行逻辑分析，指出它在逻辑上是永真的，而且是一个蕴含式。这样，无论是正例证还是反例证都是这个蕴含式的前件，就是说假如在时间 t_{n+1} 时出现了新的正例证 a_{tn+1}—b_{tn+1}，或者在这个时间出现了反例证 a_{tn+1}—b_{tn+1}，都是归纳的前提，所得的后件或者是 A—B 或者是并非 A—B，无论是证实还是否证，就归纳原则来说是永真的。如果后件是否证，否证的是普遍命题，而不是否定前件中的正例证，所以根本不存在推翻以往的问题。虽然金岳霖没有完全解决休谟的诘难和问题，但他论证归纳原则永真性方法，无疑是有效的。

　　在认识中个人的聪明才智当然起作用，但认识方法尤其重要。如果不凭借一定的操作方法，不可能获得正确的概念，金岳霖讨论了手术论，认为任何意念、思维、概念都需要有一套相应的手术，才能获得概念的科学意义。"所谓圆是以一点为中心而用离此中心同一的距离的直线为一端占据此中心，另一

　　① 金岳霖：《论道》，商务印书馆 1987 年版，第 4 页。

端环绕此中心而得的平面图案。圆就是这一套手术。"①　手术
论认为所有存在的事物其过程和性质等都可以在一组操作和实
验中定义而被人们理解。手术论就是要提供有效的认识，科学
家有许多治学方法，手术论是一种科学方法的理论。金岳霖非
常重视科学方法，他说所谓科学方法，即以自然律去接受自
然，或以自然律为手段或工具去研究自然。在观察、试验中运
用自然律作为接受方式，即以自然过程之"理"还治自然过
程，这样科学理论便转化成方法。以上这些课题至今在认识论
中保持着强大的生命力。

　　金岳霖哲学体系的另一个特点是强调逻辑分析。为此他首
先写出《逻辑》一书，介绍了现代逻辑，这是逻辑分析的重
要工具。中国哲学虽然有儒家的正名，墨家的逻辑，但在近代
缺乏系统的逻辑学说，缺乏明确的形式系统观念，无法与西方
的逻辑相比，以致在 20 世纪 20 年代学校里开不出像样的逻辑
课。"当时在中国，稍微懂得一点逻辑的人实在是很少有。只
有严复把穆勒的《逻辑体系》翻译了一部分，称为《穆勒名
学》，又把耶芳斯的那本书的大意，用中文写出来，称为《名
学浅说》，这两部书当时很负盛名，可是能读懂的人并不很
多。"②　可见，当时我国对传统逻辑都很陌生，更谈不上现代
逻辑了。金岳霖在他的《逻辑》一书中，站在一个新的高度
指出传统逻辑许多毛病，例如由于不肯定主词存在，A、E、
I、O 判断的换质换位和对当关系都发生困难，传统逻辑只讨

---

① 《知识论》，商务印书馆 1983 年版，第 523 页。
② 冯友兰：《三松堂自序》，生活·读书·新知三联书店 1984 年版，第
198 页。

论"S—P"式的直言命题，不能包括关系命题和关系推理，传统逻辑使用自然语言，语义含混，如"所有 S 是 P"中的"是"意义繁多，等等。然后，金岳霖很有胆识、很有见地的介绍怀特海和罗素所著《数学原理》的基本内容。这是一种全新的现代逻辑类型，与传统逻辑比较，有很大的优越性。它把逻辑加以纯粹的形式化的研究，体现了数学的严格性和精确性。在一个逻辑系统里，除了初始概念以外，引进任何概念必须有初始概念或已经定义过的概念构成定义，除初始命题（即公理）以外，任何断言必须是经过证明的，不允许引进初始命题以外的假定，作为证明的根据。由于使用符号语言，每一个符号必须有一个而且仅仅有一个"意义"，使逻辑命题成为像数学命题那样明确的东西，消除了自然语言的含混。

有了现代逻辑这个工具和现代逻辑的一些原则，金岳霖走上了逻辑分析的道路。他说："罗素的《数学原理》我那时虽然不见得看得懂，然而它使我想到哲理之为哲理不一定要靠大题目，就是日常生活中所常用的概念也可以有很深的分析，而此精深的分析也就是哲学。"鉴于中国哲学范畴的意义非常不确定，在表达思想上显得芜杂不连贯，缺乏理智的精细，因此金岳霖就成为在中国提倡逻辑分析的哲学家。可以断言现代逻辑的工具对于科学地研究哲学的人是十分有用的，这种严格敏锐的思维训练对每个哲学家来说是十分重要的。冯友兰先生认为逻辑分析是西方哲学对中国哲学的永久性贡献，那么在这方面作出永久性贡献的第一个人就是金岳霖教授。新中国成立前在哲学界中流传"金先生（岳霖）长于分析，他能把最简单的事物分析得很复杂"，称他为"中国的 G. H. 摩尔"（G. H. 摩尔是分析哲学的创始人，在英美两国很有影响），绝不是偶然的。当然，分析哲学作为一种哲学来说，它是不科学的，但它提供的分析方法，特别是运用现代逻辑的工具构造人工语言或分析日常语言，对提高哲学研究的水平，澄清思想，是有积极意义的。

三

金岳霖一生经历过辛亥革命和全国解放两次伟大的革命。辛亥革命时他才十几岁，丝毫不像有些人为封建家庭的沉沦而痛苦，相反他高高兴兴地剪掉了自己的辫子，仿照崔颢的《黄鹤楼》作了一首打油诗："辫子已随前清去，此地空余和尚头，辫子一去不复返，此头千载光溜溜。"欢乐之情溢于言表。

金岳霖生活在新中国成立前的旧中国，却始终追求政治上的进步，渴望着国家的民主和自由。1928 年他和张奚若组织中国自由主义大同盟，发表反日宣言。同一时期他还和张奚若、徐志摩等组织了《政治学报》编辑社，出版过《政治学报》。他对国民党的官僚统治十分憎恨，当胡适出任驻美大使前，金岳霖毫不客气地对胡适说："不能事人，焉能事鬼?"

抗战胜利后，金岳霖和其他进步教授一起签名支持"反内战、反饥饿、反迫害"的学生运动。1947 年 2 月与朱自清、俞平伯、徐炳昶、向达等署名发表"保障人权宣言"，抗议北平警宪"午夜闯入民宅，肆行搜捕"。1948 年 3 月和进步教授一起反驳国民党北平市党部主任吴铸人所谓每次学潮皆为"奸匪宣传"与三教授"为奸匪利用"之指摘。1948 年 6 月与吴晗、徐炳昶等 103 人署名"抗议轰炸开封宣言"。1948 年 11 月与俞平伯、朱光潜等 46 人联名发表"我们对于政府压迫民盟的声明"。直到新中国成立前夕，国外还有几个大学纷纷给他寄来聘书，请他到国外去讲学，他却坚决留在清华园，坐等新中国成立。1951 年 5 月 1 日《新清华》上发表了他《我热爱祖国》的文章，袒露了他一颗赤诚的心。

新中国的成立，对金岳霖的政治生活和学术思想有着巨大的影响。1950 年他为清华大学的学生讲授马列主义哲学课，通过教学实践，学习辩证唯物主义。后来又参加对资产阶级哲学思想的批判，这是他对西方哲学的再认识。他说："从前也看过一些关于实用主义的书籍，但是我从来不知道实用主义究竟是怎么一回事，甚至连它是主观唯心主义我都不知道。经过批判，我才了解了实用主义的本质，也知道了它为什么有那样的经验论和认识论了。"[①] 这些使他认识到，"马克思列宁主义是完整的科学，是'放之四海而皆准的真理'"。他认识到以往的哲学都只是说明世界。马克思主义哲学不仅说明世界，而且要改造世界。正因为这样，1958 年他在英国访问时，向国外的朋友宣布了他在哲学信仰上的转变。他说，因为马列主义救了中国，所以他放弃了他以前所作的学院哲学，转成一个马克思主义者。

这时期金岳霖的任务是在哲学研究所主管逻辑学的研究。他在形式逻辑的提高和普及两方面做了许多工作。20 世纪 50 年代末开始在逻辑学领域内展开关于形式逻辑的客观基础、形式逻辑和辩证法的关系、形式逻辑的真实性和正确性的讨论，他写了多篇论文。形式逻辑作为一门独立的科学，它的存在价值是无可怀疑的，但对它的理论基础和与辩证法的关系等还有

---

① 　金岳霖：《我怎样学习马列主义》，《北京日报》1956 年 2 月 29 日。

许多不同的意见，比如形式逻辑的客观基础有的说是客观事物的规定性，有的则认为是事物的相对稳定性，这些解释虽然有一定的道理，但都存在着不能自圆其说的矛盾。金岳霖试图以马克思主义哲学的观点来解决形式逻辑的客观基础问题，指出形式逻辑在形式上的对错与实质上的真假有区别，形式逻辑抽象公式的正确性以真实性为基础，他提出事物的确实性是形式逻辑的客观基础。

20 世纪 60 年代初金岳霖主编中国第一部高等学校文科逻辑教科书《形式逻辑》，突破了原有教材以直言判断和三段论为中心的框框，用现代逻辑的观点分析逻辑联结词的真值，介绍了有关命题及其推理，充实了逻辑教学的内容。

随着哲学的普及，广大干部要求学点逻辑。金岳霖领导和组织了《逻辑通俗读本》的撰写。此书多次重版，发行近百万册，在国内还译成少数民族文字，在国外有日文译本。这是真正在提高指导下的普及，在普及基础上提高的一本优秀读物，深受广大群众欢迎。其中金岳霖教授亲自写了《判断》一章。这一章密切联系了人们日常思维，不仅语言大众化、通俗化，并且有了逻辑内容上的创新。他总结了新中国成立以后人们经常运用的几种新的判断形式，如"个别的 S 是 P"、"S 一般是 P"、"S 基本上是 P"、"S 必须是 P"等，并运用否定推演出它们之间的逻辑关系。这是他在马克思主义哲学指导下，在概括思维材料的基础上对形式逻辑作出的贡献。

金岳霖生活在一个社会大变动的时代，在这个时代的激流里，他的政治思想和学术观点始终跟随着历史的车轮在前进。作为一个学者，经过中西各派哲学的分析比较，建立了自己的体系，在旧中国推进了哲学的发展和进步，在新中国又真诚地接受了马列主义哲学理论。这说明在哲学研究的道路上金岳霖教授从旧哲学过渡到马克思主义哲学，这也是他在学术上的必然归宿。

四

金岳霖在学术上的重大成就和他严肃的治学态度、正确的治学方法是分不开的。金岳霖生活的时代，正是帝国主义船坚炮利危及中国存亡的时代。在西方资本主义的冲击下，中国封建社会发生了根本动摇。中国的科学文化向何处去？长期处于闭关锁国状态的中国社会，一旦接触西方，或则容易产生对洋人、洋书、洋权威的迷信盲从，搞所谓全盘西化；或则故步自封，迷恋中国的旧文化，搞国粹主义。金岳霖以科学的态度独立思考，决不人云亦云。他研究休谟哲学，并没有因此成了休谟的信徒。虽然他起先觉得休谟哲学了不起，休谟《人性论》这部巨著给人以洋洋大观的印象；但很快就使他感到休谟哲学"毛病非常之多"。他终于从学习休谟而离开了休谟，从休谟的怀疑论走上了否定怀疑主义。他的《论道》就是反对休谟哲学的结果。对于罗素尽管他非常之佩服，但他并没有成为逻辑斯蒂的信徒。[①] 因为一个坚定的逻辑斯蒂学者不会是形而上学家，而金岳霖的《论道》讨论的正是抽象的哲学理论问题，也就是逻辑斯蒂所反对的形而上学问题。

金岳霖对中西哲学，通过分析比较，博采众长。在他的哲

---

① "逻辑斯蒂"这个词常用来指数理逻辑中以罗素为代表的逻辑主义学派，其基本观点是认为逻辑可以推出全部数学。

学体系里，有中国古老的哲理，也有现代化的逻辑数学，有继承吸收的方面，也有不少他自己的创见和特识。总之，他把继承和创新结合在一起，把旧中国的哲学提高到了一个新的水平。

中国哲学的传统认为个人不能离开社会而生活，知识和美德不可分，治学和修身融为一体。这些思想也是我们今天所要大力提倡的。说到这里，我们自然地想到金岳霖的美德完全体现着一个中国哲学家的气质：

1. 谦虚诚实。金岳霖是学界名流，但从不以权威自封，也不受他封。他在哲学和逻辑方面有很深造诣，却常常说自己落后了，自己知道得很少；说自己知识不够，不少书读不懂……有一次金岳霖要订购一本逻辑方面的新书，他的学生沈有鼎说，这本书你看不懂。果真金岳霖就不订了。

2. 崇尚学术民主。金岳霖德高望重，无论知识和年龄都是长者，但他和学生讨论问题时，总是平等相待。问题可以争论得非常厉害，却从不倚势压人。他深知没有学术上的自由探讨，科学是不能发展的。他教学生不是要灌输某一种学说，而常常是要学生独立思考，提倡在学术上要有创造精神。正因为他崇尚学术民主，对持不同意见的人和反对自己的人，都相处得很好。

3. 乐于助人。金岳霖在清华大学任教时，常对生活有困难的学生给予物质上的帮助。有的从南方来的同学，衣单被薄，难以抵御北方的寒冷，他就把自己的棉衣、毛毯送给同学御寒。有的学生至今还珍藏着三十多年前金老送给他的棉袍。而金岳霖自己却很节俭，一身旧棉袍穿了很多年。

金岳霖在学术上的成就和他的知识渊博、基础扎实分不开。在学校里他先学的是实科，对自然科学有相当基础，后学文科，读了很多书，他深知在学术上不能鼠目寸光。一块石头砌不成金字塔，一根木头造不了洛阳桥。他治学非常重视基本训练，强调没有基本训练就不可能有所创造，有所发展。哲学和逻辑有很强的系统性和整体性，只有把前面的基础打牢，才好进入后一步的研究。金老看到有的同志忽视基本训练，急功近利，知识面很窄，心里非常焦急。他不断通过介绍自己的经验，强调扩大知识面，搞好基本功。他常说他数学基础不好，很多问题搞不准。他提出逻辑工作者要具备两个事业，正业是逻辑学，副业是一门自然科学或工程技术方面的科学。金老的这个思想完全符合文理渗透，自然科学和社会科学交相为用的原则，单就这点看，金老治学也是高人一筹的。

金老在学术上反对走捷径，图名图利，搞花架子、假把式，他所追求的是真正的科学价值。1958 年金老作为中国文化代表团成员到英国、意大利和瑞士访问。在英国期间，金老在伦敦海德公园瞻仰了马克思墓，就在这个公园里他也看到了斯宾塞的墓。两相对照，使他感触很多。19 世纪哲学家斯宾塞生前在英国影响很大，他有 3 个大部头著作：《社会静力学》、《心理学原理》，还有 10 卷本的《综合哲学》。当时在英国思想界，斯宾塞俨然是一个巨人。但在科学家看来，斯宾塞往往过分富有哲学家幻想的色彩，而缺乏专门的知识，他的哲学是非常浅薄的。随着时间的流逝，思想巨人斯宾塞就在人们的记忆中逐渐消失。马克思生前的声名并不大，但他留下的《资本论》，为广大的被压迫民族、被压迫阶级提供了革命的精神武器。随着时间的推移，他的学说愈来愈焕发出夺目的光彩，他因此获得了全世界人民广泛的爱戴和敬仰。金老的这些感触，说明他所追求的不是一时的名和利，不是哗众取宠的东西；而是经得起时间考验、在学术上有崇高价值的著作。金老的这些感触，也正是他一生埋头研究，真诚追求，不断探索，勇敢创造的最好的注解。

（原载《当代中国社会科学名家》，社会科学文献出版社1989 年版，第 143—155 页。）

哲学是哲学家的传记

作为哲学名家，金岳霖先生在 20 世纪三四十年代就构成了他的哲学系统，这体现在他所写的《逻辑》（1937 年）、《论道》（1941 年）、《知识论》（1948 年）和一些有关论文中，这是一个颇具规模的中国传统的现代哲学体系。它继承了中国哲学的优秀传统，又吸收了西方哲学中的科学精神，使中国哲学增加了新的活力，既推进了中国哲学的现代化，又使它走向了世界。金先生的这项开创性研究，其功绩是永远不可磨减的。

金先生说："熊十力的哲学有一个特点，就是他的哲学背后有他这个人。"[①] 同样，在金先生哲学写作的背后，我们也可以找到他身心的投影、人格的映射。

一

金岳霖先生继承了中国哲学的固有传统，把"道"作为他本体论的最高范畴。金先生认为世界上存在三大文化区，建立任何哲学体系都不能离开一定的文化区。因为每个文化区都有自己的中坚思想，而每一中坚思想都有它崇高的哲学概念。

---

① 中国社会科学院哲学研究所编：《金岳霖学术思想研究》，四川人民出版社 1987 年版，第 37 页。

中国思想中最崇高的哲学概念就是道。金先生继承优秀传统的道，这不是简单的历史回归，而是为了发展，回答西方哲学中提出的挑战，解决时代所要解决的问题。

金先生说："我受了时代的影响，注重归纳，注重科学。"但是休谟的哲学使他感到"归纳说不通，因果靠不住，而科学在理论上根本动摇"。金先生的本体论正是要为科学奠定坚实的哲学基础，使它不再动摇。他肯定现实世界是无观的本然世界，是不管人们是否认识的"纯粹独立存在"，万事万物之间有着自己的联系，每个事物有自己的殊相，又有自己的共相，殊相生灭的势又力求达到事物共相关联的理。这就是理有固然，势无必至。道是万事万物川流不息、运动变化的历程、根据和规律。这就解决了休谟在不承认共相关联的理和因果问题上只讲势不讲理的问题。金先生作为本体论的道既承认意象，又承认意念，既承认殊相又承认共相，既承认理又承认势，经过金先生的严密分析和论证，使传统的道得到了升华，有了科学的内涵。

当然，元学研究道一，即合起来的道，但道无量，从知识方面说，分开来的道非常重要；从人事的立场，就有得道、行道、修道、守道等。金先生说："情感总难免以役于这样的道为安，我的思想也难免以达于这样的道为得"[①]；又说："成仁赴义都是行道"[②]。写到这里，我们不难想到金先生鼓励学生上前线，抵抗日本帝国主义的侵略。他说："要是我年轻20

---

① 金岳霖：《论道》，商务印书馆1987年版，第16页。
② 同上。

岁，也要到前线去扛枪。"① 他没能去前方扛枪，却以笔来战斗。《论道》和《知识论》这些构成他哲学体系的著作，成书在抗战最艰难的时期。前方炮声隆隆，上空敌机盘旋，警报不断，国家和民族正处于危急存亡之秋。当时写作条件十分艰苦，图书资料缺乏，晚上没有电灯，"一个菜油小碟，放几根线捻或灯草，便是灯了。先生们写作之后常落得'黑眉乌嘴'"。② 有一次，"前后两楼被炸的声浪把金先生从思考中炸醒；出门楼才见到周围的炸余惨景，用他后来告诉我们的话，他木然不知所措"。③ 可见，《论道》和《知识论》是他这时冒着生命危险对国家和民族所作的全身心的奉献。我们不难从中看到他思想的深沉，感情的波澜，理智的闪光，智慧的凝集。

金岳霖先生的体系吸收了西方哲学中的科学精神——逻辑分析和语言分析，使中国哲学有了新工具。传统的中国哲学在表达思想上有时扑朔迷离，朦胧模糊，很不确定；有时思想跳跃，缺乏连贯和系统。金先生深知现代逻辑对于哲学的重要性。哲学总要有否定，使用经过训练的怀疑。当然也要肯定某种信念，不同时代有不同的问题，肯定和否定都是需要严格论证的，要论证就必须有一个出发点，我们固然可以固执地断定一个命题，但总可以发现它应该进一步得到断定。"如果哲学主要与论证有关，那么逻辑就是哲学的本质。许多哲学体系都是由于触到逻辑这块礁石而毁灭的。"④ 我们在《论道》中可以看到金先生对逻辑分析的运用，对其中的每一个重要概念应

---

① 《金岳霖的回忆与回忆金岳霖》，四川教育出版社 1995 年版，第 130 页。
② 《抗战中的冯友兰先生》，《光明日报》1995 年 6 月 30 日。
③ 《金岳霖的回忆与回忆金岳霖》，四川教育出版社 1995 年版，第 107 页。
④ 《金岳霖学术论文选》，中国社会科学出版社 1990 年版，第 442 页。

用了定义的方法。道是式—能。能是构成世界的必要条件，式是析取地无所不包的可能和能的式样，是能由潜在变为现实的充分条件，充分条件和必要条件结合的过程就是道，即"居式由能莫不为道"。从这些就可见《论道》在论证上的逻辑性。金先生引进现代逻辑，并不是照抄照搬，相反，他在多处改进了罗素的观点。

语言分析是一个重要的问题。金岳霖先生在《知识论》的"语言"一章中讨论了语言表达思想和命题问题，提出语言和言语的意义问题，区分字的样型（type）与凭借（token），区分字的意义和字具有的多种情感色彩，区分思想、语言和实在的关系等，无疑是把西方的语言分析，作为工具有选择地创造性地引入了他的哲学体系。

这个哲学体系提供了归纳和演绎的科学方法，正确地解决了哲学和科学的关系，哲学要促进科学的发展，而不能代替科学的发展。金先生非常注重科学的发展，科学不发达，无法抵御帝国主义的侵略，落后就要挨打。没有自然科学的发展，就不能拥有全部现代工业文明。金先生重视归纳，为归纳建立哲学基础，在归纳的技术上又作了有创见的机智的辩护，使归纳原则成为自然科学的接受总则。他也重视演绎方法，认为"人们实际提供的这类工具，很可以称为思维的数学模式。微积分的出现，表明处理数据的手段同通过观察实验收集数据同等重要"。[1] 20 世纪初自然科学发生的重大变化，就是相对论和量子力学的创立，它对经典物理学提出了严重挑战，引起自然科学家的震动，也不能不引起哲学家金先生的关注。哲学不能撇

---

[1] 《金岳霖学术论文选》，中国社会科学出版社 1990 年版，第 353 页。

开自然科学的发展，但是也不能代替和包罗全部自然科学。20
世纪60年代初金先生曾对我说斯宾塞有10卷本的综合哲学，
但他的哲学浅薄。我当时并不十分懂他的意思。现在看他的
《中国哲学》论文，知道"从斯宾塞（Herbert Spencer）起，
我们已经意识到应该明智一点，不必野心勃勃地要求某一位学
者独立统一不同的知识部门。每个知识部门都取得了很多专门
成就，要我们这些庸才全部掌握是几乎不可能的"①。金先生
反对哲学要统一或包罗每个知识部门的专门知识，那样既会损
害哲学的发展，也会损害自然科学的发展。但是他始终认为搞
哲学要懂得或熟悉一两门自然科学，使哲学不脱离自然科学的
发展。金先生看到了许多西方哲学家同时也是自然科学家，而
近几百年来的中国哲学家一般都不同时是自然科学家。要哲学
家懂一两门自然科学，显然是为了使哲学促进自然科学的发
展。不难想象金先生在思想深处所要解决的是国家和民族的大
问题，即发展哲学，提高全民族的思维能力，救亡图存，振兴
科学。

二

　　当毛泽东主席在1949年10月1日宣布中国人民从此站起
来了时，金先生在大雨中的天安门兴奋得几乎跳了起来。新中
国的成立，揭开了崭新的时期。金先生力求了解新社会，不倦
地追求真理。饱经忧患的人被新的思想、新的风尚、新的社会
秩序所打动。他积极参加各项社会活动，忘我地工作。

---

① 《金岳霖学术论文选》，中国社会科学出版社1990年版，第360页。

　　金岳霖先生给学生开设马克思主义哲学课程，又参加对资产阶级哲学思想批判。他说："从前也看过一些关于实用主义的书籍，但是我从来不知道实用主义究竟是怎么一回事，甚至连它是主观唯心主义我都不知道。经过批判，我才了解实用主义的本质，也知道了它为什么有那样的经验论和认识论了。"①这些使他认识到，"马克思列宁主义是完整的科学，是放之四海皆准的真理"。他认识到以往的哲学都只是说明世界，马克思主义哲学则不仅说明世界，而且要改造世界。1958 年他在英国访问时，向国外的朋友宣布了他在哲学信仰上的转变。他说，因为马克思主义救了中国，所以他放弃了他从前的学院哲学，转成一个马克思主义者。

　　金岳霖先生在频繁的社会活动、政治运动和参与许多学术行政工作之后，他所剩精力主要集中在《罗素哲学》这一研究项目上，这是一部金先生转变为马克思主义者之后的最主要著作。

　　金岳霖先生新中国成立前的哲学体系，承认"外物"和"感官"两者，由于没有马克思主义哲学的实践观点，虽然《知识论》批评了罗素的"唯主方式"，却以主观的或此时此地的感觉现象为认识论的出发点的方式，将其归结为西方文化中的人类中心观和自我中心观。而《罗素哲学》把唯主方式归结为唯心主义形而上学的思维方式，指出其根本特征是感觉和实践的脱节。金先生运用马克思主义实践观阐述主体和客体之间的联系，反对罗素用感觉为人的认识划定不可逾越的鸿沟，认为感觉经验不能在意识和外界对象之间建立任何直接联

---

① 　金岳霖：《我怎样学习马列主义》，《北京日报》1956 年 2 月 29 日。

系，只能用逻辑推论构造世界。

罗素用感觉材料替换感觉对象，认为人看见桌子"四方"、"红"等是感觉材料，这些感觉材料感觉到就存在，感觉不到就不存在。作为感觉对象的物质事物的独立存在问题，就被改换成为：我们在不感觉到物质事物时感到物质事物，这就造成一个逻辑矛盾，因此物质事物的独立存在就不可能。金先生把实践引入认识论，指出实践可以建立经验和客观世界的联系，客观对象的实在感首先是由实践提供的，实践涉及社会人的目的和意图，实践就是在人与客观事物之间打交道，建立了感觉和客观事物的联系，也就不断证明了客观事物的存在。实践是认识的基础，又是检验感觉映象是否正确的标准。实践还是推动感官自身进步、发展变化的动力。金先生在《罗素哲学》中指出客观事物是"蓝本因"，感觉映象是"复制果"，贯彻了物质第一性、意识第二性的马克思主义哲学的基本观点。

罗素由于受维特根斯坦影响，他的逻辑理论由客观唯心论的先验论转变为主观唯心论的约定论，认为逻辑和数学定理的正确性既不为经验所证明，也不为经验所推翻。金先生虽然也吸收了维特根斯坦的成就，肯定逻辑命题都有重言式结构，但始终拒绝约定论，而认为逻辑有其客观根据。《罗素哲学》讨论了数理逻辑和普通形式逻辑的关系，又对普通形式逻辑的客观基础进行了马克思主义哲学的阐述。

金岳霖先生《逻辑》一书的思想仿佛是以现代逻辑代替传统逻辑，但在《罗素哲学》中，他从中国的具体情况出发，采取了求实的态度，因为传统逻辑使用自然语言，拥有广大的读者层。金先生指出数理逻辑和普通形式逻辑二者的区别和联系，两者作为逻辑有共同点，但它们解决不同矛盾，它们的研究对象并不属于同一个范围。普通形式逻辑需要数理逻辑的帮助，但不能把它容纳到数理逻辑比较狭隘的范围中。他肯定了普通形式逻辑的作用，认为它是人们正确认识的思维形式，它应用的范围很广，应用的对象多种多样，在非数学式的和未数学化的自然科学中都可以使用。但普通形式逻辑尽管已有几千年的历史，然而"毛病很多，空白点不少"，需要马克思主义者重新研究它。

金岳霖先生对普通形式逻辑进行了在提高指导下的普及。1959 年他领导全组进行了《逻辑通俗读本》的写作。为了写好书曾向实际工作者收集材料。当时清华大学成功地研制成陶粒，是一项创造发明，金先生带领全组同志去访问，以了解研究陶粒的思维过程和思维方法。他自己写的《判断》一章总结了新中国成立后在思维实际中出现的新的思维形式，如"个别的什么（S）是什么（P）"、"什么（S）一般是什么（P）"、"什么（S）基本上是什么（P）"、"什么（S）必须是什么（P）"等，并运用否定推演出它们的逻辑关系。上面括弧中的变项，怕工农读者难懂，没有应用。金先生的概括表现出一位逻辑大家所作的推广性的面向大众的成功创新。这本书整个来说很有特色，是很优秀的。因此多次再版，发行量几乎达到一百万册，是一本深受广大干部欢迎的读物。金先生重视逻辑的普及，更重要的是他希望在此书出版后，获得来自基层反馈回来的信息，提出一些逻辑问题，作为进一步的研究课题。显然，金先生是设想摸索出一条面向实际，总结实践的科研道路，一改过去学院研究的方法。

此外，金岳霖先生还对普通形式逻辑的客观基础，做了辩

证唯物主义的阐述,这是在《罗素哲学》一书和《客观事物
的确实性和形式逻辑的头三条基本规律》①中进行的。金先
生说唯心主义的一个重要歪曲就是否认或取消头三条规律的反映
性,歪曲它们的规范性,把它们说成规范客观事物,从而把事
物说成是我们规范的结果。金先生阐述了形式逻辑的头三条基
本规律的反映性,即反映客观事物的确实性,这种确实性是独
立于思维认识而这样或那样的关系质。这三条规律还有规范
性。客观事物的确实性只有一个,思维认识的确定性也只有一
个,它必须是同一的,不二的,无三的。这就科学地说明了普
通形式逻辑头三条思维规律的唯物主义原理。总之,金先生从
学院哲学到马克思主义哲学的转变,辩证唯物主义的实践观在
他改造主观世界和参加改造客观世界中,是有巨大作用的。

三

金岳霖先生有着不平凡的抱负,从小怀大志,认为"昔项
羽之学剑,盖剑乃一人敌,不足学也"。在爱情上、艺术上追
求真、善、美,在学术上刻意追求精深创新。他有很高的理
想,但又脚踏实地。1958 年金先生访问英国参观马克思的墓,
也见到了斯宾塞的墓,金先生说:"据我的记忆,他的坟(指
斯宾塞的墓——引者注)离马克思墓很近,现在去瞻仰马克
思的墓的人,早已忘记了或者根本不知道曾经有斯宾塞这样一
个人存在过。"② 可见斯宾塞当时徒有虚名,书写得很多,但

---

① 载《哲学研究》1962 年第 3 期。
② 《金岳霖的回忆与回忆金岳霖》,四川教育出版社 1995 年版,第 43 页。

毫无建树。马克思当时名声不大，可是留下的《资本论》，却成为工人阶级的圣经。金先生的话正是袒露了他的人生观、价值观。

金岳霖先生有很高的学问，又有很高的美德，他把治学和修身融为一体。他对自己的生活近乎苛刻，一件长袍可以穿20多年，但对困难学生却慷慨仗义。他的事业已经硕果累累，但从不满足。在晚年金先生念念不忘他一生的3次倒退。

第一次是金岳霖先生十几岁的时候，本来学的是"实科"，相当于我们现在所说的自然科学。那时他想的是学物理，但是学物理需要有好数学。虽然他喜欢几何，习题也觉得容易，可是碰到了代数就不行了。一看见 X 和 Y 之间来一个杠就头痛，学物理的想法就取消了。这是头一次倒退。

金岳霖先生搞逻辑的兴趣是在巴黎大街上和别人辩论时产生的。回国后就教起这门学问来了。头几年他对于这门学问是有兴趣的。可是不久又碰到了数学，他感到又搞不下去了。他认为1935年写大学逻辑是退堂鼓。这是第二次倒退。

金岳霖先生说：我曾写过一篇论"所以"的文章。那篇文章思想对头与否是另一问题，这里不讨论。那样的文章没有再写下去，因为我没有科学史（无论是自然科学还是社会科学）方面的修养。总而言之，我又第三次倒退了。

经过八年抗战，他的正义感已经使他投入反对国内反动势力的民主运动。他支持学生的"反内战、反饥饿、反迫害"。总之，无论在政治上、学术上，金先生的一生是不断地认识，不停地行动，始终随着历史的车轮前进，"中国因革命成功而得光明，个人因革命成功而得解放"①。他由1953年参加中国民主同盟到1956年加入中国共产党，从新民主主义到共产主义，由学院哲学到马克思主义哲学的转变，绝不是偶然的。

在晚年，金先生体弱多病，在一次整党学习中仍然以高昂的政治热情表示："生命不止，战斗不息。"后来带着病，每天写几十字或几百字，这就是他最后完成的"金岳霖回忆录"。

党的十一届三中全会后，随着改革开放，搞活经济，使一些人富起来了。1982年6月金先生了解到有些人搞拜金主义、个人主义等，立即向领导同志写信说："富起来了不等于各自搞各自的人生观"，建议要进行马克思主义毛泽东思想的教育。

作为哲学家，金先生的哲学研究、哲学思想，反映着他哲学的人生，哲学寄托他的理想，哲学又涵盖着他生活的现实，在他的哲学里充满着爱和恨，真善美和假丑恶的对立。他并没有躲在"象牙之塔"内作纯粹的、空洞的、脱离现实的哲学研究，而是时刻心系国家和民族，振兴中华。还是金先生自己说得好，"中国哲学家都是不同程度的苏格拉底。其所以如此，因为道德、政治、反思的思想、知识都统一于一个哲学家之身；知识和德性在他身上统一而不可分。他的哲学需要他生活于其中；他自己以身载道。遵守他的哲学信念而生活，这是他的哲学组成部分。他要做的事就是修养自己，连续地、一贯地保持无私无我的纯粹经验，使他能够和宇宙合一。显然这个修

---

① 中国社会科学院哲学研究所编：《金岳霖学术思想研究》，四川人民出版社1987年版，第8页。

养过程不能中断，因为一中断就意味着自我复萌，丧失了他的宇宙。因此在认识上他永远摸索着，在实践上他永远行动着，或尝试着行动。"① "对于他，哲学从来就不只是为人类认识摆设的观念模式，而是内在于他的行动的箴言体系；在极端的情况下，他的哲学简直可以说是他的传记"。②

（原载《哲学研究》1995 年增刊，第 28—32 页。）

---

① 冯友兰：《中国哲学简史》，北京大学出版社 1985 年版，第 14—15 页。

② 同上。

金岳霖教授的治学态度和治学方法

金岳霖教授已经离开我们一年了。他一生辛勤耕耘，埋头工作，孜孜以求，不断推进学术进步的学者形象，始终深深地留在我们的记忆里，不能忘怀。

金岳霖教授是我国著名的哲学家和逻辑学家，也是国际知名学者。他以科学家的创造精神和求实态度，在哲学上作出了重大的贡献。金岳霖教授新中国成立前先后完成了三本巨著：《逻辑》、《论道》和《知识论》，形成了他自己独特的哲学体系。《逻辑》是方法论，《论道》是本体论，《知识论》是认识论，从而成为我国现代哲学家中有数的有完备体系的哲学家。

金岳霖教授的哲学体系，内容丰富，分析精细，论证严密，技术性高，逻辑性强，是现代哲学中值得我们深入研究的领域。当然，像任何一个思想家一样，缺点和不足也是存在的，但那是时代所给予的。

金岳霖教授学术上的重大成就是与他严肃的治学态度和正确的治学方法分不开的。他善于独立思考，不轻信盲从；他善于分析比较，博采众长；他刻苦钻研，不图虚名，追求学术上的崇高价值。这些都是值得我们学习的。

一

金岳霖教授 1914 年在清华学堂毕业后，到欧美学习。那时，帝国主义的船坚炮利危及中国的存亡，在西方资本主义的冲击下，中国封建社会发生了根本动摇。中国的科学文化向何处去？有的主张西化，有的拥护东方文化；有的要崇今，有的要复古。归根到底，无非是如何正确认识西方文化和东方文化、传统文化和当代文化的关系问题。

长期处在闭关锁国的封建社会的中国，一旦接触西方，很容易产生对洋人、洋书、洋权威的迷信盲从。金岳霖教授却不同寻常，他用自己的头脑，独立思考，决不人云亦云。他给学生讲西方哲学，除了原原本本讲解原著之外，总是提出一些问题，引导学生自己去思考。因此，他讲休谟，并没有因此成了休谟的信徒。他常说，吃牛肉不能变牛，吃猪肉不能变猪，人必须运用自己的肠胃进行消化。

大家知道，经验主义在英国有相当的社会基础和历史根源，休谟把经验主义贯彻到底，发展为怀疑论，并成为欧洲近代资产阶级哲学家中第一个不可知论者。休谟的哲学对于近现代西方哲学有很大的影响。金岳霖教授对休谟反对宗教、反对迷信，感到非常正确，无比痛快。但休谟用经验的方法，分析人类知性的性质、范围和限度，从而反对超越经验、超越知性能力。休谟提出的问题是，世界有没有秩序？我们能不能保证我们所没有经验过的，类似于我们所经验过的例子？能不能保证明天的太阳一定会和昨天的太阳一样从东方升起？能不能从自己本身的经验中推出超出经验以外的任何结果？金岳霖教授统观休谟的议论，使归纳说不通，因果靠不住，以致科学在理论上的根基发生动摇。这不仅违背科学技术发展的历史，甚至违背人们的生活常识。因此，金岳霖教授从学习休谟哲学出发，发现了休谟哲学的问题。他指出，休谟哲学的缺点，不在世界有没有秩序、因果本身，而在于他的整个哲学基础。中坚问题就在他的"idea"。金岳霖教授对休谟使用的"idea"作了8种之多的分析，指出其意义极不明确，各有重大的分别，从而断定休谟的"idea"不是意念而是意象。意象和意念截然不同，意念是抽象的，意象是具体的。休谟的"idea"离不开"象"，在理论上不承认抽象的意念，哲学问题是无法谈得通的。金岳霖教授在回忆这段历史时说，他起先觉得休谟哲学了不起，休谟《人性论》这本巨著给人以洋洋大观的味道；但很快就使他感到休谟哲学的"毛病非常之多"。他终于从学习休谟而离开了休谟，从休谟的怀疑主义出发走上了否定怀疑主义。金岳霖教授后来写的《论道》，就是反对休谟哲学的结果。

二

金岳霖教授学贯中西，长于分析比较，在许多方面提出了新的见解，从而推进了哲学在中国的发展。过去在哲学界流传着一个说法，即金先生（岳霖）长于分析，他能把最简单的事物分析得很复杂，冯先生（友兰）长于概括，他善于把复杂的事物说得很简单。金岳霖教授正是如此，他运用一套严格的逻辑方法，分析比较各家之说，博采众长，建立了他自己的哲学体系。

金岳霖教授认为，中国哲学的逻辑和认识论意识不强，中国哲学范畴的意义非常不确定，在表达思想上显得芜杂不连贯，缺乏理智的精细。因此金岳霖教授在构造他的哲学体系时，把逻辑和认识论加强到十分重要的地位。虽然在中国哲学里，有儒家的正名，墨家的逻辑，但在近代缺乏系统的逻辑学说，缺乏明确的形式观念，无法与西方的逻辑学相比，以致在20世纪20年代学校里开不出像样的逻辑课。据冯友兰先生回忆，"当时在中国，稍微懂得一点逻辑的人实在是很少有。只有严复把穆勒的《逻辑体系》翻译了一部分，称为《穆勒名学》，又把耶芳斯的那本书的大意，用中文写出来，称为《名学浅说》。这两部书当时很负盛名！可是能读懂的人并不很多"。[①]可见，当时对传统逻辑都很陌生，更谈不上现代逻辑了。但就在20世纪30年代，金岳霖教授批评了传统逻辑的弊病，引进了现代形式逻辑，以后就写成了《逻辑》一书，构成他哲学体系的一个重要支柱。在他的哲学体系中引进现代逻辑，起点高，难度大，在国内是一项开创性的工作，又是奠基性的工作。今天，人们已清楚地看到了它的重要性和这门学科强大的生命力。

汇合演绎与归纳于一体的穆勒《逻辑体系》，在世界上有很大的影响。但金岳霖教授敏锐地看到了演绎与归纳两部分在性质上非常不同。他在《逻辑》一书中指出："归纳演绎大不相同。我认为它们终究是要分家的，所以这本书没有归纳的部分"。[②]事实已证明这一点是正确的。今天演绎已形成一个严格的形式系统，归纳基本上只是科学认识方法，两者走上各自发展的道路。50年前在国内由金岳霖教授第一个提出，说明他对逻辑有深刻的研究。

---

① 冯友兰：《三松堂自序》，生活·读书·新知三联书店1984年版，第198页。

② 金岳霖：《逻辑》，生活·读书·新知三联书店1961年版，第1页。

在金岳霖教授的《知识论》里，归纳作为科学认识方法是重要内容。他对语言、文字、思想、观念等的种种分析，也都是中国哲学过去讨论得比较少而显得弱的方面。现在这些被金岳霖教授吸收到他的哲学体系中，成为分析认识的有效工具。

通过分析比较，金岳霖教授认为，中国哲学的另一特点是，个人不能离开社会而生活；他指出，在中国哲学家那里，知识和美德是不可分的。金岳霖教授正确地继承和发扬了这个传统，把治学和修身融为一体。他的理想是把自己修养到进于无我的纯净境界。说到这里，我们就很自然地想到，在金岳霖教授身上完全体现着他自己说的中国哲学家的气质。

他谦虚诚实，从不以权威自封，也不受他封。他在哲学和逻辑方面有很深造诣，却常说自己知道得很少，说自己知识不够，不少书读不懂。有趣的是"文化大革命"中批评他是资产阶级学术权威，他承认是资产阶级，但不是学术权威；他崇尚学术民主。年龄上虽是长者，但他和学生在讨论问题时，总是平等相待。问题可以争论得非常厉害，但从不依势压人；他关爱学生。金岳霖教授在清华大学任教时常对生活有困难的学生给予物质上的帮助。对缺衣少被的加以帮助。过年过节对回不了家的学生，总请他们到自己的"湖南餐厅"团聚。

上述所列，不正说明了金岳霖教授"无我的纯净境界"吗！

由于金岳霖教授对国内外哲学派别都有分析比较，新中国成立后就比较容易接受马克思主义哲学。他认识到以往的哲学都只是说明世界。马克思主义哲学不仅说明世界，而且要改造世界。正因为这样，1958年他在英国访问时，向国外的朋友宣布了他在哲学信仰上的转变。他说，因为马列主义救了中国，所以他放弃了他以前所作的学院哲学，转成一个马克思主义者。金岳霖教授这句话言简意赅，表明他对马克思主义哲学精神实质的掌握和理解是多么深刻！他所表现的对马克思主义哲学的真诚和服膺真理的精神，是多么简单明了！

作为一个学者，他通过分析比较，在旧中国推进了哲学的发展和进步，在新中国又真诚地接受了马列主义哲学理论。这说明在哲学研究的道路上，从旧哲学过渡到马克思主义哲学，是金岳霖教授在学术上的必然归宿。

三

金岳霖教授创立了自己的哲学体系，不是偶然的。他的知识非常渊博。在学校里，他先学的是"实科"，对自然科学有相当基础；后学文科，读了很多书。他不但熟悉西方哲学，也熟悉中国哲学；不但精通中国语言，也精通西方语言。他深知在学术上，不能鼠目寸光。一块石头砌不成金字塔，一根木头造不了洛阳桥。金老治学非常重视基本训练，科学研究需要循序渐进，没有基本训练就不可能有所创造，有所表现。哲学和逻辑有很强的系统性和整体性，只有把前面的基础打牢，才好进入后一步的研究。金老看到有的同志忽视基本训练，急功近利，知识面很狭，心里非常焦急，他不断通过介绍自己的经验，强调扩大知识面，搞好基本功。他常说他数学基础不好，很多问题搞不准。他提出逻辑工作者要具备两个事业，正业是逻辑学，副业是一门自然科学或工程技术方面的科学。金老的这个思想完全符合文理渗透，自然科学和社会科学交相为用的原则，单就这些观点看，金老治学也是高人一筹的。

　　金老反对在学术上走捷径，图名图利，搞花架子、假把式，他所追求的是真正的科学价值。1958 年金老作为中国文化代表团成员到英国、意大利和瑞士访问。在英国期间，金老在伦敦海德公园瞻仰了马克思墓，就在这个公园里他也看到了斯宾塞的墓。两相对照，他感触很多。19 世纪哲学家斯宾塞生前在英国影响很大，他有三个大部头：《社会静力学》、《心理学原理》，还有 10 卷本的《综合哲学》。当时在英国思想界，斯宾塞俨然是一个巨人。但在科学家看来，斯宾塞往往过分富有哲学家幻想的色彩，而缺乏专门的知识，他的哲学是非常浅薄的。因此随着时间的流逝，思想巨人斯宾塞就在人们的记忆中逐渐消失。马克思生前的声名并不大，但他留下的《资本论》，为广大的被压迫民族、被压迫阶级提供了革命的精神武器。随着时间的推移，他的学说愈来愈焕发出夺目的光彩，因此他获得了全世界人民广泛的爱戴和敬仰。金老的这些感触，说明他所追求的不是一时的名和利，不是哗众取宠的东西；而是经得起时间考验、在学术上有崇高价值的著作。金老的这些感触，也正是对他一生埋头研究，真诚地追求，不断地探索，勇敢地创造的最好的注解。

　　（原载《金岳霖学术思想研究》，四川人民出版社 1987 年版，第 348—354 页。）

后　记

　　整理完金岳霖先生的解读《穆勒名学》，使我想起 45 年前的情景。那时干面胡同正在拆迁，改建高研楼。金先生不得不搬到当时哲学社会科学部的招待所居住。这是两间西晒的楼房，夏日炎炎，异常闷热。在生活上金先生的厨师又离开了他，从而只能改吃食堂，生活非常清苦。

　　金岳霖先生当时要参加许多社会活动，自己又肩负着繁重的科研任务，为了培养青年，不得不挤出时间备课，一面他读《穆勒名学》，为了掌握原意，又不得不读英文原本。金先生眼睛戴着眼罩，吃力地看那些英文小字、中文注解。金先生为了教育青年人，殚精竭虑，是学界师表。确实，金先生不仅是哲学家、逻辑学家，而且还是著名的教育家。他曾培养过一流的专家、学者，名闻国内外。对此，我作为一个学生，想起来心犹戚戚。我生性鲁钝，基础薄弱。金先生的解读，我没有能够入门，这是我有愧于先生的。尽管如此，先生毕竟是我进行研究的引路人。今天我整理完金先生的讲义，又把自己的一些浅见甚至错误的观点，作为附录供学界讨论，方家指正。

　　《金岳霖解读〈穆勒名学〉》的出版，得到了广大逻辑学界、哲学界的关注和支持，他们希望进一步研究金岳霖先生的有关思想。

　　本书得以出版，由衷地感谢中国社会科学院哲学研究所所长基金的资助，感谢院科研局的大力支持和帮助，感谢中国社

会科学出版社社长慨然将本书纳入出版计划、感谢任明先生为
本书的出版精心策划。

倪鼎夫

2005 年 3 月于东总布胡同寓所

再版后记

本书初版于 2005 年 7 月，是年 10 月倪鼎夫病故。这次修订再版是由我主持的。这次修订改正了初版中的一些错误，添加了一些注释。

金岳霖先生在对倪鼎夫的讲课中，对穆勒的逻辑思想进行了科学的评论。金先生对穆勒贬低演绎的观点作了评述，用现代逻辑观点对演绎逻辑中的主词存在问、定义问题、因果理论等提出了自己独到看法。

金先生对《穆勒名学》的分析，对中国读者学习《穆勒名学》具有重要的指导价值。

附录，是倪鼎夫研究穆勒和严复思想已发表的论文。他对穆勒的三段论思想、概率思想、逻辑规律思想等以及严复的语义学思想都进行了深入的研究。我国逻辑界研究穆勒和严复思想的学者不多，倪鼎夫是一位开拓者，他的这些论文对深入研究穆勒和严复的思想具有重要的推动作用。

本书能顺利再版，还要衷心感谢逻辑学专家诸葛殷同先生不辞辛苦地精心修改和考证；感谢逻辑学专家张家龙先生的热心帮助和指导；感谢哲学所和院老干部局对本书再版的资助。

作者夫人阮仁慧
2012 年 8 月 10 日于北京